数 学 文 章 作 法　推 敲 篇

數學
文章寫作

推敲篇

結城浩 ／著　衛宮紘 ／譯

前師範大學數學系教授兼主任
洪萬生 ／審訂

C O N T E N T S

導讀   11

推薦序   17

序言   19

關於本書   19

《推敲篇》與《基礎篇》的關係   20

關於讀者   20

關於我   21

執筆、推敲、校正、校閱   21

本書的構成   22

謝辭   24

第 1 章　讀者的迷惑   25

1.1　本章要學習什麼？ …………………… 25

1.2　讀者閱讀文章是怎麼一回事？ ………… 26

1.3　對相似字詞感到迷惑 …………………… 27

1.4　對長句感到迷惑 ………………………… 29

1.5　對說明不充分感到迷惑 ………………… 31

1.6　對不必要的文字感到迷惑 ……………… 33

1.7　對指示詞感到迷惑 ……………………… 35

1.8　本章學到的事 …………………………… 37

第 2 章　推敲的基本   39

2.1　本章要學習什麼？ ……………………… 39

2.2　重讀與理解 ……………………………… 40

作者的帽子、讀者的帽子 ………………… 40

拿起書寫文具重讀 ………………………… 40

需要註記什麼？ …………………………… 42

2.3　尋找偏離 ························· 43

　　　偏離所寫事物的內容 ·········· 43

　　　抱持完成形象 ··················· 44

2.4　重新改寫 ························· 44

　　　刪減 ····························· 45

　　　補充內容 ······················· 49

2.5　反覆多次 ························· 52

　　　選擇不同觀點 ··················· 52

　　　間隔一段時間 ··················· 53

　　　改變時間點 ····················· 53

　　　改變場所 ······················· 53

　　　盡可能改善文章 ················· 54

　　　需要反覆多少次？ ··············· 54

2.6　抱持作者該有的自覺 ············· 55

　　　做出作者該有的判斷 ············· 55

　　　負起作者該有的責任 ············· 55

2.7　本章學到的事 ··················· 56

第 3 章　字詞 57

3.1　本章要學習什麼？ ··············· 57

3.2　字詞的斟酌 ····················· 58

　　　這是最適合的字詞嗎？ ··········· 59

　　　換掉字詞會比較好嗎？ ··········· 59

3.3　專有名詞 ······················· 60

　　　專有名詞 ······················· 60

　　　專有名詞的定義 ················· 61

　　　造詞 ··························· 63

3.4　便利的字詞 ····················· 64

　　　「分別」 ······················· 64

　　　「～的一種」 ··················· 66

　　　「等等」 ······················· 68

活用引號「」 ················· 69

「」與最糟的對話框 ············· 71

3.5　需要注意的字詞 ··············· 73

「基本上」 ················· 73

「在某種意義上」 ············· 74

「等」 ··················· 75

「相同」 ·················· 75

「真的」 ·················· 77

定性表達與定量表達 ············ 78

指示詞 ··················· 79

「和」 ··················· 80

補充訊息 ·················· 81

3.6　本章學到的事 ··············· 82

第 4 章　句子的推敲 　　　　　　83

4.1　本章要學習什麼？ ············· 83

4.2　拆成短句 ················· 84

注意複文 ·················· 84

刪減不必要的字詞 ············· 86

注意「的」字數 ·············· 88

「能夠做到」與「能夠」 ········· 89

4.3　明確的句子 ················ 89

明確的對應 ················ 90

使用「分別」釐清對應關係 ········ 91

明確主詞 ·················· 92

4.4　言外之意 ················· 94

言外之意是指？ ·············· 94

注意「情況、時候」 ············ 96

發生新的疑問 ··············· 97

A 比較好 ·················· 99

4.5　注意否定形式 ·············· 100

　　　　避免雙重否定 ·············· 100
　　　　意義上的雙重否定 ·········· 101
　　　　注意「不能説〜」············ 102
　　4.6　改變語順 ················· 103
　　　　「很」的位置 ·············· 103
　　　　「僅有」的位置 ············· 103
　　　　「所有」的位置 ············· 104
　　4.7　本章學到的事 ············· 105

第 5 章　整篇文章的平衡　　　　　　107

　　5.1　本章要學習什麼？ ·········· 107
　　5.2　什麼是平衡？ ·············· 108
　　　　文章的平衡 ················ 108
　　　　分量的平衡與品質的平衡 ······· 109
　　5.3　分量的平衡 ··············· 109
　　　　沒有遺漏的要素嗎？ ·········· 109
　　　　長度適當嗎？ ·············· 111
　　　　強調的地方恰當嗎？ ·········· 112
　　　　具有錯讀耐受性嗎？ ·········· 113
　　5.4　品質的平衡 ··············· 116
　　　　讀遍每個角落（壓路機策略）····· 116
　　　　改變觀點反覆閱讀（階段性策略）·· 118
　　　　仔細閱讀修正的地方（張弛策略）·· 120
　　5.5　本章學到的事 ············· 121

第 6 章　評論　　　　　　　　　　　123

　　6.1　本章要學習什麼？ ·········· 123
　　6.2　什麼是評論？ ·············· 124
　　　　評論的意義 ················ 126
　　　　評論目的 ················· 126

6.3 評論的委託 ·· 127

評論者的人選 ······································ 127

委託的時間點 ······································ 130

評論注意事項 ······································ 130

評論專用的網站 ···································· 132

評論觀點 ··· 132

6.4 評論的實施 ·· 133

寄送文章 ··· 134

接受回饋意見 ······································ 134

6.5 回饋意見的反映 ···································· 136

理性接受意見 ······································ 136

反映到文章上 ······································ 137

反映是作者的責任 ································· 138

完整呈現反映 ······································ 139

6.6 面對評論的心態 ···································· 140

評論不是共同執筆 ································· 140

信賴關係很重要 ···································· 140

謹記謙虛的態度 ···································· 141

不畏懼失敗和羞恥 ································· 142

6.7 本章學到的事 ······································ 142

第 7 章　推敲的訣竅　　　　　　　　143

7.1 本章要學習什麼？ ································· 143

7.2 時間的管理 ·· 144

掌握總時間 ··· 144

完整時間與零碎時間 ······························ 144

遵守交稿期限 ······································ 145

7.3 有效率的推敲 ······································ 146

製作專有名詞集 ···································· 147

檢索文章 ··· 147

找出自己的文字癖 ································· 148

管理檔案 ················· 149

撰寫工作日誌 ················· 150

7.4 多樣化推敲 ················· 151

閱讀時唸出聲音 ················· 151

閱讀時切換螢幕與紙張 ················· 152

改變閱讀場所 ················· 153

在疲勞的時候閱讀 ················· 153

隨機翻頁閱讀 ················· 154

7.5 本章學到的事 ················· 155

第8章　結束推敲的時機　　　　　　157

8.1 本章要學習什麼？ ················· 157

8.2 想要結束推敲的心態 ················· 158

這是已確定文章品質的判斷嗎？ ················· 158

是否具備與內容相符的易讀性？ ················· 159

最後有再全部通讀一遍嗎？ ················· 160

是否認為隨時都還能再修正呢？ ················· 160

8.3 不想結束推敲的心態 ················· 161

8.4 結束推敲的時間點 ················· 162

閱讀時覺得「不通順」的情況減少時 ················· 163

「修正又改回去」的情況增加時 ················· 163

欲添加內容卻偏離主題的情況增加時 ················· 164

8.5 交稿前的最終確認 ················· 165

重置腦袋、通讀一遍 ················· 165

讀遍每個角落 ················· 165

檢查重要項目 ················· 166

8.6 訂正 ················· 166

訂正的方法 ················· 167

不可隱瞞錯誤 ················· 168

8.7 本章學到的事 ················· 169

第 9 章　推敲的檢查清單 171

9.1　本章要學習什麼？ ················· 171
9.2　推敲的檢查清單 ··················· 171
　　第 1 章〈讀者的迷惑〉 ············· 172
　　第 2 章〈推敲的基本〉 ············· 173
　　第 3 章〈字詞〉 ··················· 174
　　第 4 章〈句子的推敲〉 ············· 175
　　第 5 章〈整篇文章的平衡〉 ········· 176
　　第 6 章〈評論〉 ··················· 176
　　第 7 章〈推敲的訣竅〉 ············· 177
　　第 8 章〈結束推敲的時機〉 ········· 178
9.3　本章學到的事 ····················· 178

索引 ································· 181

導讀

洪萬生

臺灣數學史教育學會理事長

臺灣師範大學數學系退休教授

　　本書是結城浩《數學文章寫作》系列的第二本。第一本《數學文章寫作　基礎篇》「著眼於寫作正確且容易閱讀的文章」，那是針對正在寫作（而尚未完成者）的提醒。至於這第二本《推敲篇》，則是「著眼於將已經寫好的文章，改寫為更正確且容易閱讀的文章」。因此，本書關鍵詞是「改寫」。正因為如此，作者才會提及漢語「推敲」的典故，並且指出：「斟酌字詞是推敲的重要一面，但推敲並非只有斟酌字詞。字詞的順序、句子的結構、刪減補充的檢討等，全都可以說是推敲。」事實上，他的「推敲的訣竅」（第7章）甚至還提及十分具體有用的建議：「看著自己所寫的文章時，閱讀唸出聲音吧。比起僅用眼睛默讀，閱讀時唸出聲音比較容易發現錯字、漏字、文法錯誤的句子、語順不適當的句子、重覆相同的句子結構等。」

　　事實上，本書可以說是將結城浩自己「平時用於推敲

的技巧，統整集結而成的書籍」。換言之，本書就是他自己的現身說法，至於他（寫作）實踐的憑藉或成果，當然就主要是他的《數學女孩》系列（針對高中層次讀者），甚至《數學女孩秘密筆記》系列（針對國中層次讀者）了。

對我來說，這種連結呼應了我指導數學史研究生修訂論文的經驗。在提醒他們進行細部的修訂之後，我不時敦促他們注意全文的結構。不過，我分享給研究生的說法或評論，當然比不上結城浩來得專業。他在本書中，針對執筆、推敲、校正及評論，提供了非常專業細緻（或技術性）的建議，對於數學寫作者或數學文章的評論者來說，都十分受用。儘管如此，在本書第 5 章〈整篇文章的平衡〉之中，結城浩還是強調「將文章的每個句子寫得容易閱讀，與統整整篇文章的平衡是兩回事」。對此，他的比喻其實比起所謂的「見樹不見林」更為形象化：「若將整篇文章比喻為城鎮，即便每條道路都是直線，但道路組合卻像迷宮一樣，整座城鎮便會難以通行吧」。

結城浩的「大處著眼、小處著手」作風，就充分展現在他的《數學女孩》小說系列之中，我要鄭重邀請讀者欣賞他榮獲日本數學學會「出版賞」的那些傑出作品。事實上，我也曾特別針對那些數學小說，指出他的書寫之獨到特色：「這些小說也經常基於『知識結構的高觀點』或『數學史的洞察』，來歸納或提示一些（有時是跨界的）「旅

行地圖」，藉以強調相關的數學結構意義，讓讀者不至於迷失瑣碎的解題迷魂陣中，而無法自拔」。（請參考拙文〈《數學女孩》的數學學習與結構美學〉）。

我相信在同一時間區段內，交替閱讀他的小說及創作心得（本書系列《基礎篇》及《推敲篇》），一定可以更深刻體會他的敘事與論證之絕妙，這是一種另類的「後設認知」，值得推動數學閱讀寫作者參考借鏡。

本書之適用讀者當然不僅於此。事實上，結城浩是為下列四類讀者而作。正如結城浩在本書〈序言〉所指出，讀者中包括有「修改、指導文章人士」（第四類，按照他的指涉順序），因為他認為「改寫正確且容易閱讀文章的心態，跟修改、指導他人文章的心態相通」。不過，他所訴求的另外三類讀者，則是更值得我們注意，因為絕大部分的讀者都可以歸類其中。譬如，他希望本書可幫助像他自己一樣，在「寫作穿插數學式文章人士」（第一類），其中包括學生、學校老師、補習班講師、Web 雜誌書籍的作者等。這一類人在閱讀時，可以瞭解寫作人如何推敲文章，而獲得更深刻的閱讀經驗，因此，一般「閱讀人士」（第三類，包括閱讀寫作者的堆動者）也可從中獲益。至於對一般「寫作人士」（第二類，文字編輯都算在內）來說，本書提及有關論文、網頁、報告、書籍等各種文章共通的注意事項，儘管都有數學知識的針對性，還是很有助益。

　　另一方面，本書第9章的「推敲的檢查清單」，是將第1-8章學到的東西依序整理而成，譬如：（數學寫作）

- 「有為讀者鋪設沒有岔路的單行道嗎？」
- 「有抱持作者該有的自覺與責任嗎？」
- 「有區別專有名詞與一般字詞嗎？」
- 「有注意下定義時的詞性嗎？」
- 「有『言外之意』容易誤解的句子嗎？」
- 「文章具有錯讀耐受性嗎？」
- 「有採取多樣化讀法嗎？」
- ……

　　所有這些對於打算推動數學寫作的數學教師、撰寫教科書的編輯（多半由教師兼任），乃至於指導研究生撰寫碩士論文的（數學教育）教授，更是貼心且便利。當然，如何引領學生從事寫作，還是以《基礎篇》的「教戰守則」為主。至於如何進行改寫、修正，上述這個清單絕對是可以憑藉的不二法門，數學教師只要「照表操課」，必要時配合文學專長的教師同仁之協助，就一定可以勝任數學閱讀與寫作的素養課程了。

　　本書第一刷於2014年12月問世，到2019年7月已經有五刷的成績，足見（日本）讀者對於這一類的書寫，正如

對《基礎篇》一樣，都有相當高的需求。對於我們的108課綱的素養訴求來說，本書連同（它的前篇）《基礎篇》都是教育現場不可或缺的教與學之良伴，更是教師研習的最佳參考用書。至於對一般的讀者來說，結城浩在這個系列之現身說法，正好是我們欣賞他的數學小說之最佳切入點。因此，本書值得我們大力推薦，無論你是那一類的讀者，你都可以從中分享閱讀與寫作的深刻反思。

推薦序

　　文字的幻化萬千，編織了無數夢想聖殿，有人認為文字不如圖形平易近人，圖形比文字更容易直觀會意，更遑論「數學」二字加在冷硬的文字上，有多麼艱澀難懂了？

　　這個普遍的直覺在《數學女孩》系列之後有所改變，數學小說成了推廣數學科普的最佳利器之一，而這部經典更是大眾及數學人都能享讀的小說。這樣的作品到底有什麼關鍵，可以令人愛不釋手，讀起數學來能行雲流水，享受思考的樂趣？如果作者能親自分享這樣迷人的核心技巧，豈不令人感動而視為珍寶。

　　美國的書籍出版界有個趣談，書中每多一個算式就會下降 0.02% 銷售量，就連有趣的桌遊遊戲和魔術道具商，都把降低「數學」元素視為理所當然的定理。為什麼作者反而把「數學」推向舞台，如同高級料理上的松露、禮物盒上的緞帶，恰如其分的裝飾出一篇文章，更甚至…成為搶戲的主角，是筆觸的細節修飾還是又有什麼數理的秘密武器？

　　看到作者的分享後，「以讀者為本」乍然出現於心，就如同一位會教書的老師「以學生為本」是一樣的道理。

其文章編排如下：

第 1 章〈讀者的迷惑〉

第 2 章〈推敲的基本〉

第 3 章〈字詞〉

第 4 章〈句子的推敲〉

第 5 章〈整篇文章的平衡〉

第 6 章〈評論〉

第 7 章〈推敲的訣竅〉

第 8 章〈結束推敲的時機〉

第 9 章〈推敲的檢查清單〉

從來數是數、文是文的寫作風格，就在作者的優雅循規有律之下，譜出國數和鳴的樂章。非常樂意為這本書推薦，它的內涵不只是數學寫作，更見教學的清晰思路，以及細緻的感動。

國立彰化師範大學數學教育研究中心專委

莊惟棟

序言

關於本書

　　大家好，我是結成浩。本書《**數學文章寫作　推敲篇**》，說明怎麼將自己的文章，

　　　　重新改寫成正確且容易閱讀的文章。

本書以穿插數學式的說明文為主要題材，所以取名為「數學文章寫作」，但書中的技巧並非僅限於數學文章。

　　寫作文章最大目的是：

　　　　向讀者正確傳達你的想法。

然而，作者必須仔細推敲才能達成這個目的。**重新閱讀**自己所寫的文章，斟酌裡頭使用的**字詞**，確認句子的結構，檢查所寫的東西是否**過多過少**，視需要添加內容、果斷刪除不必要的部分。

　　重新改寫成正確且容易閱讀的文章，有一項重要的原則——

　　　　為讀者設想

　　本書可說是具體化「為讀者設想」這項原則的書籍。本書不是用來學習數學的書籍,雖然書裡會出現穿插數學式的文章,但並沒有要學如何解題、證明、推導答案、建構理論⋯⋯等。本書是以如何向讀者傳達想法為前提,學習如何琢磨自己的文章,成為正確且容易閱讀的文章。

《推敲篇》與《基礎篇》的關係

　　本書是《數學文章寫作》系列的第二本《推敲篇》。

　　前作《基礎篇》著眼於**寫作**正確且容易閱讀的文章,以「為讀者著想」的原則為主軸進行所有說明,列舉多數「不好的例子」與「好的例子」,說明什麼樣的文章屬於正確且容易閱讀。

　　本書《推敲篇》則著眼於將已經寫好的文章,**修改**為更正確且容易閱讀的文章。跟前作相同,本書的原則也是「為讀者著想」。《推敲篇》會使用許多例子來說明,除了討論文章本身,也會談及反覆重讀文章的作業與心態。

　　《基礎篇》與《推敲篇》可分開獨立閱讀,若能兩者搭配一起閱讀,肯定能提升數學寫作能力,寫出「正確且容易閱讀的文章」。

關於讀者

　　本書可幫助「穿插數學式的數學寫作」,有益於學生、

學校老師、補習班講師、網頁雜誌書籍作者等。

　　本書對一般「寫作者」亦能夠帶來幫助，書中也說明了論文、網頁、報告、書籍等各種文章共通的注意事項。

　　本書對「讀者」也有好處，瞭解作者怎麼推敲文章，自己便能夠理解，仔細閱讀每一個字詞的意義。

　　然後，本書對「修改、指導文章人士」也有幫助，養成寫作正確且容易閱讀的文章，便可進而修改、指導別人的文章。

關於我

　　雖然我不是數學家，卻是以穿插數學式的數學文章維生，從 1993 年開始撰寫程式設計、加密技術的入門書，2007 年起撰寫《數學女孩》系列的數學小說。值得慶幸的是，許多讀者覺得我的文章「正確且容易閱讀」。2014 年在數學相關的著作活動，獲頒日本數學學會出版賞。

　　然而，我也是得仔細推敲，才能寫出正確且容易閱讀的文章，重讀好幾遍自己的文章，一點一滴改成好的文章。本書《數學文章寫作　推敲篇》可說是將我平時用於推敲的技巧，統整集結而成的書籍。

執筆、推敲、校正、校閱

　　本書為推敲篇。在此先簡單說明「執筆、推敲、校正、

校閱」這四個彼此密切相關的名詞。

　　執筆是寫作文章。寫作文章時,大部分的人都沒辦法從頭到尾不進行任何修改,多多少少都需要邊修改邊完成文章。就這層意義來說,推敲可視為執筆的一部分。

　　推敲是琢磨文章。「推敲」一詞源自該用「推」還是「敲」的中國典故。如同此典故所述,斟酌字詞是推敲重要的一面,但推敲並非只有斟酌字詞。字詞的順序、句子的結構、增添刪減的檢討等,全都可說是推敲。

　　校正是訂正文章的錯字、漏字、版面。推敲主要是在內容、表達方面檢討文章;而校正主要是訂正文章、格式的錯誤。另外,推敲多由作者進行,而校正是由作者與編輯共同進行。

　　校閱是指出文章錯誤、不完善的地方。跟校正相同,意味指正錯字、漏字等疏失,但有時也包含求證相關事實。有些出版社除了編輯部,會另外設立進行校閱的部門。

　　本書的焦點是作者琢磨文章的「推敲」,但也會講到一些執筆、校正、校閱的內容,這一點還請讀者理解。

本書的構成

　　這邊來介紹本書各章所要說明的內容。

　　第1章〈讀者的迷惑〉講述重新改寫文章時,首先應該要理解「讀者的迷惑」。寫出正確且容易閱讀的文章是為了

讀者，但讀者在閱讀過程中會產生各種「迷惑」。作者必須理解讀者會產生哪些迷惑？該怎麼減少這些迷惑？

第 2 章〈推敲的基本〉講述重新改寫文章時的基本事項。走筆至此暫停，重讀自己所寫的內容，重新建構寫好部分的概念，再次確認文字是否與自己的想法一致。

第 3 章〈字詞的選擇〉講述斟酌用於文章中的字詞，檢討這個字詞是最適合的嗎？是否可以改寫得更適當？

第 4 章〈句子的推敲〉是練習重新改寫句子，搭配上一章所學的字詞選擇，修改句子的語順、句型，學習減少讀者迷惑的寫作方式。

第 5 章〈整篇文章的平衡〉會講述怎麼調整文章整體平衡。即便每個句子都正確且容易閱讀，如果整篇文章的平衡不佳，反而可能減損文意。以適當的平衡分配主旨、根據、實例、討論等，能夠減少讀者的迷惑。這章將會討論質與量的平衡。

第 6 章〈評論〉講述讓別人閱讀（評論）自己文章的方法。僅靠作者自己修改文章有其界限，藉由別人的閱讀、提出意見，有助提升文章品質。這章將會說明此時的重點和注意事項。

第 7 章〈推敲的訣竅〉講述前面沒有提到的瑣碎事項，如密訣、技巧，尤其會解說時間的管理、有效率的推敲以及不同的閱讀方法。

　　第 8 章〈結束推敲的時機〉解說寫作者自己想要結束推敲與不想結束推敲的心理，討論如何掌握結束推敲的時間點，適時結束。

　　第 9 章〈推敲的檢查清單〉中，為了讓各位讀者能活用本書內容在自己的數學寫作，這章會以檢查清單的形式，將前後內容一次統整。

謝辭

　　我想在此感謝前作《數學文章寫作　基礎篇》的讀者。

　　翻閱《基礎篇》的人，遠比我想像中還要多，收到很多想法回饋。這對我來說是一大鼓勵。

　　尤其令我高興的是，許多人都提到「為讀者設想」這項原則。我所寫的「唯一想要傳達的事情」確實已傳達給讀者，並留存在各位的記憶當中，這讓我感到欣喜萬分。

　　期望本書也能為你帶來幫助。

結成浩

第 1 章

讀者的迷惑

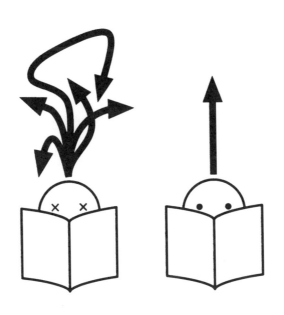

1.1　本章要學習什麼？

作者要清楚理解，讀者是會有迷惑的。作者在完成文章後必須重讀、改寫，盡可能減少讀者的迷惑。

雖說「讀者會感到迷惑」，但大家可能沒有什麼概念吧。這章會先討論讀者閱讀文章是怎麼一回事，接著透過幾個實例思考：

- 讀者會怎麼迷惑？
- 讀者為什麼會迷惑？
- 讀者該怎麼做才不會迷惑？

1.2　讀者閱讀文章是怎麼一回事？

閱讀文章時，讀者會根據內容的文字，在心中組合概念。換言之，讀者是透過文字建**構概念**。「建構概念」聽起來好像很困難，但這其實跟**堆疊積木**相似。讀者會一面閱讀文章，一面在心中堆疊積木。正確且容易閱讀的文章，可說是讀者能夠順暢堆疊積木的文章。

閱讀文章，也可說是**追逐文章的發展**。「追逐文章的發展」好比行走在道路上。作者寫作的文章是道路，追逐文章的發展相當於順著道路行走。如果僅有一條路，讀者能夠順利行走不迷惑。然而，若是出現的岔路沒有路標，讀者就會陷入迷惑。

你是否曾有過在閱讀文章時感到「好難讀啊」的經驗？會有這樣的感覺是因為積木不好堆疊（概念不好建構）、道路不好行走（文章的發展不好追隨）。你應該不會希望讀者在閱讀你的文章時，體驗到同樣的痛苦吧。

作者要重讀改寫自己的文章。這是為了讓讀者能夠順利堆疊積木，果決地行走在作者鋪設的道路上。

閱讀文章可比喻為堆疊積木或者行走道路。下面就來透過例子實際體會讀者的迷惑吧。

1.3 對相似字詞感到迷惑

讀者會對相似字詞感到迷惑。請看下面不好的例子：

不好的例子：相似字詞

電腦處理的對象為 0 與 1 排列的位元串（bit string）。在電腦內部，文字、圖片、聲音、影像等，全是以位元表示，透過處理位元模式（bit pattern）獲得所要的結果。

在這篇文章中，使用了「位元串」「位元」「位元模式」三個相似的詞。這篇文章的讀者可能會有下述疑問。

這三個詞是相同的意思嗎？

這樣的疑問會讓讀者感到迷惑，於是在心中產生**岔路**：

· 這三個詞是相同的意思。
· 這三個詞是不同的意思。

多數讀者會判斷：「這三個詞大概表示相同的意思。」然後繼續往下閱讀，也就是選擇其中一條岔路行走。然而，這會在讀者心中留下疙瘩，覺得文章不好讀。

若是比喻為**積木**，可以說，讀者會猶豫要不要將「位元串」「位元」「位元模式」三個詞視為相同的積木。「大概是相同的意思吧，但又有可能是不同的意思。」感到迷惑的讀者，會沒有辦法抱持信心堆疊積木。

為了不讓讀者承受這樣的負擔，建議**統一用字**，以表達相同的意思。例如，我們可以如下改善：

改善的例子：統一用字

電腦處理的對象為 0 與 1 排列的位元串（bit string）。在電腦內部，文字、圖片、聲音、影像等，全是以位元串表示，透過處理位元串獲得想要的結果。

　　上述的改善例子中，將三個詞統一用字為「位元串」。因此，讀者心中不會產生岔路，能夠抱持信心堆疊名為「位元串」的積木。

　　寫作正確且容易閱讀的文章時，選擇適當的字詞、統一用字是很重要的事情。關於字詞，在第 3 章〈字詞〉會繼續詳細討論。

1.4　對長句感到迷惑

　　讀者閱讀長句時會感到迷惑。請看下面不好的例子：

> **不好的例子：長句**
> 在 DES 結構中，密鑰 64 位元有 8 位元為錯誤偵測訊息，DES 是對稱密碼演算法，使用 64 位元的密鑰將 64 位元的明文加密為 64 位元的密文，但實際的密鑰為 56 位元。

　　讀完上述長句，讀者會產生疑問：「這到底想要說什麼？」雖然能夠大致瞭解各部分的意義，卻難以理解整篇文章要強調些什麼。

　　這個不好例子的內容，在知識上並沒有錯誤。所以，如果作者重讀時僅考量「這篇文章正確嗎？」也難有所修改。作者在進行推敲時，除了考量「這篇文章正確嗎？」還必須思考「這篇文章的意涵有正確傳達給讀者嗎？」

　　讀者會一面閱讀文章，一面在心中堆疊積木，但句子一長，會不曉得該以什麼形式堆疊積木才好，最後變得懵懵懂懂。

　　我們可以如下改成**多個短句**：

> **改善的例子：多個短句**
> DES 是將 64 位元明文，加密為 64 位元密文的對稱密碼演算法。密鑰的位元長度為 56 位元。在結構上，密鑰位元長度定為 64 位元，但包含 8 位元的錯誤偵測訊息，所以實際的密鑰位元長度為 56 位元。

　　這個改善例子是由 3 個句子構成，前面 2 個句子會分別在心中形成正確堆積的積木。

- DES 是，……對稱密碼演算法。
  （原來如此，是這樣啊。）
- 密鑰的位元長度為 56 位元。
  （原來如此，是這樣啊。）
- 在結構上，……
  （嗯……是這樣啊。）

　　前面 2 個句子已經向讀者傳達重要的資訊。第 3 個句子比較長，需要花點時間來消化吸收。然而，讀者可根據前面 2 個句子傳達的資訊來理解，心中的迷惑、不安沒有想

像中的大。再來，第3個句子是密鑰位元長度的補充訊息，即便沒有辦法馬上理解，也不會影響討論的主要內容。

「避免長句、分成短句」是常見的作文建議。這是為了讓讀者確實接受概念的積木，能在心中堆疊起來。以多個短句的形式寫作文章，讀者能夠在讀的同時理解到：「原來如此，這個懂了。原來如此，那個也懂了。原來如此，下一個也懂了⋯⋯」在心中堆疊積木。這樣的文章，可說是能夠讓人安心讀下去的易讀文章。

如果比喻為行走道路，寫作多個短句，就好比作者一步一步引導讀者。讀者沒有迷惑的餘地，能夠安心追隨文章的發展。

除了句子長短，其他改善句子易讀性的方法，會在第4章〈句子的推敲〉詳細討論。

1.5　對說明不充分感到迷惑

文章說明不充分，會讓讀者感到迷惑。請看下面不好的例子：

不好的例子：說明不充分

這邊以變數 maxsite 為最大網站數，以變數 maxlink 為最大連結數，數值為 0 時，表示無限制。

　　上述不好的例子中，「數值為 0 時，表示無限制」的說明，是針對兩個變數 maxsite 與 maxlink 的說明呢？還是僅針對變數 maxlink 的說明呢？這篇文章沒有明確說明，因此讀者心中會產生像下面這樣的**岔路**：

- 「數值為 0 時……」是兩個變數的說明。
- 「數值為 0 時……」是單一變數的說明。

　　我們可以如下**補充必要的說明**來改善：

改善的例子：補充必要的說明

這邊以變數 maxsite 為最大網站數，以變數 maxlink 為最大連結數。任一變數數值為 0 時，表示無限制的意思。

　　僅像這樣補充說明「任一變數」，文意就變得非常明確，讀者心中不會產生岔路。

　　不過，這個例子還有改善的餘地。乾脆不要用文字說明變數 maxsite 與 maxlink，而是在文中某處統整，製作**一覽表**，會比較容易理解。或者，進一步像「所有前綴 max 的變數，數值為 0 時，皆表示無限制的意思」以**規則**的形式統整排列，比較能夠減輕讀者的負擔。

　　推敲不是僅針對文章而已，重要的是讓讀者理解，所以作者應該不拘泥於文章，採取柔軟的姿態來改善。此時，微觀視點與巨觀視點的平衡就顯得很重要。詳細內容會在

第 5 章〈整篇文章的平衡〉繼續說明。

1.6　對不必要的文字感到迷惑

文章中出現不必要的文字，會讓讀者感到迷惑。請看下面不好的例子：

不好的例子：不必要的文字

如同上述，程式看起來錯綜複雜（不是僅看起來複雜，實際上真的很複雜），簡單來說，藉由累積單純細微操作的控制處理，最後能夠完成龐雜的程式。

不好的例子，有許多不必要的文字。

（不是僅看起來複雜……）這個括號註釋，是接續前面「看起來錯綜複雜」的內容。這應該是作者在寫完「看起來錯綜複雜」，想到「不對，不是僅看起來而已，實際上真的很複雜」，才如此括號註釋吧。然後，中間的「簡單來說」也是作者自己感到文章有點混亂，才如此總結吧。

不好的例子有許多不必要的文字，帶給讀者「這是作者剛寫完的文章」的印象。不必要的文字太多，看起來會像作者沒有確實反覆推敲。

這篇文章能夠省略括號註釋、「簡單來說」等不需要的內容。**刪減不必要的文字**，我們可以如下改善：

> 改善的例子：刪減不必要的文字
>
> 如上，看似複雜的程式也是由單純的處理累積而成。

將不好例子的「錯綜複雜」「複雜」「龐雜」等相似表達統一成「複雜」，再將「單純細微」的表達簡化為「單純」。如此一來，

- 看似複雜的程式
- 單純的處理

這兩個概念便可明確傳達給讀者，確實將兩塊積木交給讀者。

不過，有時為了讓文章更正確，作者會反覆添加內容。說明不充分的地方，的確需要添加內容，但添加內容愈多，讀者要讀的文章也愈多。當讀者的負擔增加，很有可能會覺得文章難讀。請不要單純認為添加內容是好事，只在真正有必要的地方添加內容吧。

尋找、刪除不必要的文字是件難事。因為刪除自己花了很多時間撰寫的內容，令人覺得難以下手。遇到這種情況，不要一個人煩惱，不妨請別人閱讀文章也是不錯的方法。瞭解別人怎麼閱讀自己的文章後，便能順利刪除多餘的說明。詳細內容會在第 6 章〈評論〉中進一步討論。

1.7 對指示詞感到迷惑

「這個」「那個」等指示詞不明確,會讓讀者感到迷惑。請看下面不好的例子:

> **不好的例子:指示詞不明確**
> 例如,即便輸入負數,新增的處理 α 也不會中斷動作,而且這個動作會記錄到日誌檔案。

不好例子出現的「這個動作」是代指什麼呢?這邊有以下三種可能的岔路。

- 輸入負數
- 不會中斷動作
- 上述兩者皆是

指示詞代指什麼不明確,會讓讀者感到迷惑。最簡單的解決辦法是,將指示詞換成實際字詞。例如,下述的改善例子 1:

> **改善的例子 1:將指示詞換成實際字詞**
> 例如,即便輸入負數,新增的處理 α 也不會中斷動作,而且輸入負數會記錄到日誌檔案。

然而,改善例子 1 的文章顯得重覆。遇到這種情況,

建議不要僅替換一小部份的字詞，而要重新審視文章的結構。

　　下述的改善例子 2，是以「新增處理 α 的理由」為主軸，改寫整篇文章，並將「不會中斷動作」的否定表達，改為「繼續動作」的肯定表達。

改善的例子 2：改寫整篇文章

新增處理 α 的理由有二個。其一是，即便輸入負數也會繼續動作；其二是，輸入負數會記錄到日誌檔案。

　　下述的改善例子 3，是以「輸入負數」為主軸，改寫整篇文章。

改善的例子 3：改寫整篇文章並條列項目

輸入負數的情況，必須滿足下述兩點：

⑴將這個動作記錄到日誌檔案

⑵繼續動作

為了實現⑴與⑵，我們會追加處理 α。

　　改善例子 3 的條列項目，能夠讓追加處理 α 的兩個目的非常明確。如果作者想向讀者傳達的重點在這個部分，例子 3 便是好的改善。然而，根據情況的不同，使用⑴與⑵等條列項目的寫作法，有時會顯得小題大作。作者應該縱觀整篇文章的平衡來判斷。詳細內容會在第 5 章〈整篇文

章的平衡〉繼續討論。

　　僅稍微改變句子的語順，也能夠使指示詞代表的意義變得容易理解。在第4章〈句子的推敲〉中，會進行練習，改變語順但不改變意義，讓句子變得容易理解。

1.8　本章學到的事

　　這章中說明「讀者的迷惑」。透過幾個實際例子，思考讀者會怎麼迷惑？為什麼會迷惑？該怎麼做讀者才不會迷惑？

　　作者必須讓讀者順暢地建構概念、追隨文章的發展。為此，作者需要交給讀者正確的**積木**，並鋪設一條沒有**岔路**的單行道。

　　這章所講述的內容，直接體現了「為讀者設想」的原則。下一章，我們會學習「推敲的基本」，將正確且容易閱讀的文章交到讀者手上。

第 2 章

推敲的基本

2.1　本章要學習什麼？

這章中會以下列順序學習推敲的基本。

- **重讀與理解**自己所寫的文章
- **尋找偏離**所寫事物的內容
- **重新改寫**減少偏離的情況
- **反覆多次**上述各步驟
- **抱持作者**該有的自覺

平時常在寫作文章的人，或許會覺得：「這些事情早就知道了。」但知道未必代表確實執行。為了能夠隨時付諸執行，一起來重新學習吧。

2.2 重讀與理解

推敲的基本，首先要重讀與理解自己所寫的文章。

作者的帽子、讀者的帽子

重讀自己的文章時，重要的是暫時捨棄這是自己所寫的想法。我喜歡將這件事喻為「捨棄作者的帽子」。

我們會留戀自己的文章，是因為有時遇到「花了許多時間寫作困難的部分」或者「辛苦翻閱大量的資料」等辛勞。然而，你的留戀、苦勞都跟文章的正確性、易讀性並不相關。不如說，留戀、辛勞會阻礙你判斷文章的正確性、易讀性。因此，重讀時，請捨棄作者的帽子吧。

重讀自己所寫文章時，**捨棄作者的帽子、戴上讀者的帽子**，是很重要的事情。換言之，我們要把眼前的文章，當作是不認識的人所寫的東西。然後，抱持什麼都不知道的全新心態，以讀者的身分重讀文章。

暫且忘卻對自己文章的留戀、付出的辛勞吧。關注文章本身，判斷是否正確且容易閱讀。

拿起書寫文具重讀

重讀文章時，一定要拿起書寫文具。這是為了圈記在

意之處，寫下注意到的事情。以紙本重讀文章時，使用鉛筆、原子筆、麥克筆等；以電腦重讀文章時，使用插入註解的功能。

重讀的過程中，你會發現許多事，例如錯字、漏字、與事實不符、說明不充分、舉例不充分、意義不明的地方、順序顛倒等。發現錯字、漏字等小疏失，馬上就能知道怎麼修正，但內容上的錯誤，有時會不太曉得修正方法。總之，先圈出自己覺得「需要某些處理對策」的地方。

發現錯誤後，可能會想要立刻修正原稿，但這並非明智之舉。在此建議先從頭讀到尾，註記有問題的地方。由於修正需要花費時間，若一邊修正一邊閱讀，需要很久才能全部讀完。

文章是大型的結構體，通讀掌握整篇文章的狀況，是很重要的。文章可能一開始寫得不錯，但到了後面卻虎頭蛇尾。如果一開始就先花費時間修正細微疏失，可能會沒有時間修正後面的嚴重錯誤。因此，首先要從頭到尾讀一遍，掌握整體情況。

關於保持整篇文章品質一致的方法，會在第 5 章〈整篇文章的平衡〉繼續討論。

需要註記什麼？

　　重讀時需要做什麼記號呢？再講得具體一些吧。

　　覺得**難讀**的時候，可在該處註記「不好讀」，也可簡單標記「？」。例如，遇到需要重讀好幾次才能理解意思的句子，就要標上「不好讀」的記號。

　　覺得**字詞**的用法不對勁時，可在下面標記底線、圓圈等記號。例如，遇到意思應該相同，但表達方式不同的字詞、用法不適當的專有名詞等，就請標上記號。

　　覺得**說明不充分**時，可在該處標上記號。例如，寫出了某主張卻沒有說明理由，請註記「理由？」等文字。此時，不可忘記「戴上讀者的帽子」，讀者僅能仰賴文章所寫的內容，因此作者需要注意的是，不可以在自己腦中補完文章未提及的內容，僅能以讀者的身分設想，思考讀者在閱讀時能從文章獲得什麼訊息。

　　覺得說明**過長**時，也標上記號吧。遇到不相關的說明，可簡單打叉表示「不需要」。

　　覺得**需要確認**時，也在該處標上記號吧。例如年號、人名、地名等，若覺得需要參考資料佐證，那就記下「需要 Check」等文字。像這樣筆記後，之後可僅針對「需要 Check」的部分重新查閱參考資料，也可黏上便利貼®等便條作為提醒。

　　除了這節列舉的情況，其他只要自己覺得在意之處，就可先標上記號，之後再來判斷需不需要修正。自己在閱讀時覺得在意的地方，很有可能讀者也會在意。自己標示的記號，可說是設想讀者可能會產生的意見。

2.3　尋找偏離

　　重讀與理解自己所寫的文章後，接著請尋找偏離所寫事物的內容吧。這也是推敲的基本。

偏離所寫事物的內容

　　戴上讀者的帽子，一面標記，一面從頭讀到尾。各位覺得自己的文章如何呢？「非常棒的文章，沒有任何需要刪減補充的地方。太完美了。」若真是如此，那就太好了，可惜通常不是這樣。

　　如果你不習慣寫作文章，重讀後應該會標上許多記號，可能因此感到失望。然而，你不需要感到失望，無論出自哪位作者，剛寫出來的文章都一樣漏洞百出。重要的是，多次推敲琢磨，得到寫出更好文章的毅力與技術。

　　先將失望的心情放一邊，深入探討自己「想寫的東西」與「所寫文章」兩者差距的偏離吧。

・是否寫出所有想寫的東西？

・主張的方向有沒有偏離？

・邏輯上有沒有破綻？

・讀後印象如同預期嗎？

　　瑣碎的「偏離」你應該都已經標記出來了，所以必須回頭確認是否有「偏離」整體的平衡。

　　關於探討整體平衡的方法、讀法的技巧，會在第 5 章〈整篇文章的平衡〉進一步詳細說明。

抱持完成形象

　　為了發現偏離，身為作者的你必須抱持「完成形象」。完成形象是指「現在推敲的這篇文章，就整體來看是什麼樣的文章？」重讀文章發現的「偏離」，就是跟完成形象有所出入的「偏離」。

　　推敲不是把所有想到的事情全部加進去。在完成形象上，刪減不需要的東西，補充需要的內容，這才是所謂的推敲。

2.4　重新改寫

　　無論重讀多少次、發現多少偏離，都需要重新修改文

章才有意義。重新修改，也可說是推敲的基礎。

重新修改文章，簡單來說就是「刪減不需要的東西、加入需要的內容」。雖然是理所當然的事情，但卻是說起來容易做起來難，判斷什麼不需要、什麼需要，是相當困難的事情。作者的工作就是進行這樣的判斷。

刪減

刪減不必要的文字，是改善文章的萬靈丹。

不必要的文字好比散落在道路上的垃圾，會阻礙讀者閱讀文章，甚至造成讀者走錯路。因此，刪減不必要的文字有助改善文章。

然而，我們都會對刪減文章中的內容有所抗拒。因為刪減難得花費時間寫出來的東西，相當於否定自己的行為。但是，作者需要想辦法揮別「刪減難得寫出來的東西好可惜」的心理抗拒，才有辦法修改成容易閱讀的文章。

你是否曾經覺得別人所寫的文章「盡寫些沒有用的東西，完全不曉得重點在哪裡，內容難讀得要死」呢？如果你沒有確實刪減不必要的文字，你的讀者也可能會產生這樣的印象。

下面列舉幾個應該刪減文字的例子。

意義不明的文字。文章中不知不覺混進的「意義不明

文字」，是最先應該刪減的文字。因為這些只會減緩讀者
的閱讀速度。

　　對這篇文章來說不必要的文字。即便內容沒有什麼錯
誤，但從整篇文章來看，有時會讓人產生疑問：「為什麼
在這邊主張這件事？」作者應該刪減前後關係中不必要的
字詞。

　　無意義重覆的文字。刪減相同內容但沒有意義的重覆
文字吧。

　　說明含糊不清的文字。寫作文章時，有時會混進「說
明含糊不清的文字」。這些文字可能會讓文章的意義模稜
兩可，所以應該刪減。

> **不好的例子：殘留說明含糊不清的文字**
> 最後輸入 show 等指令，螢幕上會顯示像是被方框圍起
> 來的文字列。

　　在上述不好的例子，有著「等」「像是」等字詞。這
些很有可能是「說明含糊不清的文字」。經過檢討推敲之
後，若認為不需要，請直接刪掉吧。

> **改善的例子：刪減模糊主張的文字**
> 最後輸入 show 指令，螢幕上會顯示被方框圍起來的文
> 字列。

　　比較不好例子與改善例子，能夠實際體會「刪減」可讓文章變得容易閱讀。

　　然而，前面提到「意義不明的文字」，有時會在執筆過程發揮潤滑劑的效果。具體來說，「～之類的」「像是～」「像～這樣的感覺」「也不是不能說～」等，使用這類表達方式，能夠減輕「下結論時的心理負擔」，讓人可以放心繼續寫作後續內容。先寫完文章，然後在推敲的階段再刪減「意義不明的文字」，是輕鬆執筆的訣竅之一。

　　接著來談刪減大量句子時的訣竅吧。不是要真的刪減句子，而是移動到另外準備的「倉庫檔案」。這樣能夠大幅減少刪減時的心理抗拒。雖然這個「倉庫檔案」實質上就是「垃圾桶檔案」，但可以在自己的心中解釋：「我並沒有刪減，只是暫時移動而已。」

　　「正確敘述」未必等於「增加文字」。重要的不是「正確敘述」而是「正確傳達」。很多時候刪減文字，反而比較能夠正確傳達內容。請看下面的例子與改善例子：

> **例子：文字過多**
>
> 在 Factory Method 模式，會定義超類別側生成實例的方法，以及產生哪種類型的實例，但不會確定生成實例的具體類別名稱。

　　這個例子顯示的句子有點拖拉。為了內容正確而使用大量文字，卻變得難以閱讀。像下述的改善例子果斷刪減文字，比較能夠順利傳達內容給讀者。

> 改善的例子：刪減文字，聚焦想要說明的事情。
>
> 在 Factory Method 模式，會確定超類別的實例生成法。
> 但是，此模式不會確定具體的類別名稱。

　　原例中「生成實例的方法」與「產生哪種類型的實例」分成兩個項目，改善例子則統整表達為「實例生成法」一個項目。

　　另外，原例是一個長句，而改善例子拆成兩個短句。

　　再來，原例使用「定義」與「不會確定」不同的表達方式，在改善例子換成「確定」與「不會確定」相同表達的肯定與否定形式。

　　透過這些改善，讀者會在心中對比下述兩個概念，進而吸收瞭解。

・確定實例生成法
・不會確定類別名稱

　　刪減文字，結果若造成內容不正確，會令人感到困擾，但也不可以認為作者只要寫出文字就算善盡責任。這邊再重申一次，內容能夠傳達給讀者才有意義。仔細整理自己

想要傳達的內容，除了真正需要的文字，其他斷然刪減，這是很重要的。

補充內容

相較於刪減文字，補充內容比較沒有心理掙扎。然而，並非「補充內容就會比較好讀」，事情沒有這麼單純，作者必須注意不要補充過度。

因說明不充分而想要補充內容是可行的，但在實際補充之前，先反問自己：「說明真的不充分嗎？」因為有可能不是說明不充分，而是說明不良才造成難以閱讀。在這樣的情形下，補充內容反而會更難閱讀。

在確實建立文章的架構時，**詢問單純的問題**是不錯的方法。

- （要點）簡單來說這裡想要表達什麼？
- （理由）這是為什麼？
- （例子）像是什麼例子？
- （反駁）讀者會在心中反駁嗎？
- （再反駁）反駁能夠有辯解嗎？

繼續閱讀文章下去，會陸續發現其他許多這類的單純問題。對於這類單純問題，身為作者的你能夠簡單回答嗎？

　　若是你回答不出來，再怎麼補充內容也只會變得混亂。請另外以條列項目等方式，整理自己想要表達的東西，再來補充內容會比較好。

　　無論是自問自答單純的問題，還是檢討補充的內容，都要時時刻刻為讀者設想。寫作文章的目的是將你的想法傳達給讀者，所以補充內容也需要為讀者設想。補充「讀者早已知道的事情」沒有意義，應該補充「讀者會產生疑問，但文章裡頭沒有寫出來的事」。

　　當然，作者不可為了矇騙讀者而補充內容；不可用文章掩飾自己的查證不足；不可明明沒有查證自己的主張，卻添加內容講得好像經過查證一樣。若在推敲的過程中發現有查證不充分的情形，就只能重新查證清楚。

　　下面再舉一個說明不充分的例子。

> **例子：說明不充分**
>
> 在 Template Method 模式，會以兩個類別分擔記述。

　　這個例子並沒有特別不好的地方，但如果你判斷對預設讀者來說，「以兩個類別分擔記述」這樣的表達可能不好懂，則可以像下述改善例子，添加內容。

> **改善的例子：補充內容**
> 在 Template Method 模式，會以超類別記述處理的流程結構，以次類別記述具體的操作內容。

　　作者必須判斷應該補充什麼樣的內容。下面再來看一個例子。

> **例子：說明不充分**
> 這邊在文字列後加上（+this），像這樣物件加上文字列
> ……

　　這個例子，雖然括號中有簡短補充說明，但並不好理解。這是針對什麼的說明，直接描述會比較容易理解。

> **改善的例子：直接描述**
> 這邊是進行 "/"+this 的演算，像這樣文字列加上物件
> ……

　　另外，在這個改善例子，是以 "/"（文字列）與 this（物件）的順序出現，所以後續說明也依照此順序，將「物件加上文字列」調整為「文字列加上物件」。

2.5　反覆多次

重讀與理解、尋找偏離、重新修改後，就能寫出完美的文章嗎？不，沒有這回事。雖然跟最初的文章相比，的確改善了不少，但僅只一次的推敲無法寫出完美的文章。需要在時間允許的情況下，反覆多次才能達到滿意的狀態。

選擇不同觀點

重讀文章時，「選擇不同觀點的讀法」具有不錯的效果。選擇不同觀點的讀法不是毫無目的重讀，而是如下決定每次重讀時的注意重點：

- ·這次集中處理錯字、漏字吧
- ·這次確認數學式吧
- ·這次確認專有名詞吧
- ·這是注意整體論點吧
- ·這次注意圖表吧
- ·這次檢查索引項目有無遺漏吧

每次都改變觀點重讀，能夠提升文章的品質。更詳細的內容，會在第 5 章〈整篇文章的平衡〉討論。

間隔一段時間

每次重讀後，文章會逐漸變好。如果情況允許，建議間隔幾天再來重讀。因為剛寫完或者剛讀完不久，腦中還殘留文章的內容。為了暫且忘卻已知內容，能以全新的讀者心態重讀，間隔幾天會比較好。

改變時間點

重讀時，改變閱讀的時間點也是不錯的方法。腦筋清楚的時候，與一天工作結束感到疲憊的時候，理解力會不一樣。換言之，在感到疲憊時閱讀，比較無法嚴格判定易讀性。

改變場所

重讀時，改變閱讀場所也是不錯的方法。不在自己慣用的桌子，試著移動到沙發或者其他房間閱讀吧。除了安靜的書房，試著在嘈雜的場所閱讀也不錯。如果不是機密文件，試著在搭車時閱讀如何？在跟平常不一樣的地方閱讀，有助發現平常沒有注意到的錯誤。

盡可能改善文章

　　避免讓反覆閱讀變成例行工作。「已經讀了好幾次，沒問題的。」出現這樣的輕忽心態，正是不知不覺戴回作者帽子的證據。每次反覆閱讀時，都務必要捨棄作者的帽子，戴上讀者的帽子，以全新的心態面對文章。

　　然後，以嶄新的心情找出「哎，這邊不好讀」等問題。反覆閱讀，才能寫出容易閱讀的文章。

需要反覆多少次？

　　需要反覆多少次才足夠呢？答案是視情況而定。

　　部落格、自費出版等文章沒有校對，直接交給讀者的情況，與經過編輯校對的情況，作者自身需要推敲的程度會不同。問題在於最終交給讀者之前，能夠提升多少品質。

　　然而，就筆者個人意見來說，即便是還需經過編輯校正的情況，也應該在交稿之前，將品質提升到交給讀者不會感到羞恥的程度。

　　在第 8 章〈結束推敲的時機〉，會討論推敲應該持續到什麼時候。

2.6　抱持作者該有的自覺

「重讀與理解」「尋找偏離」「重新修改」「反覆多次」等，前面以稍微偏技術性的內容講述推敲的基本。最後來討論作者該有的自覺以作為本章的總結吧。

做出作者該有的判斷

作者的工作是「判斷」。判斷文章要刪減什麼、補充什麼，這些都是作者的工作。正因為有這些「判斷」，「作者」才可在文章掛上自己的名字。若你是作者，就必須意識到：「我必須對這篇文章做出作者該有的判斷。」

推敲文章的過程中，會收到編輯、同仁、主管、前輩、評論者等的建議。然而，無論是從誰那邊獲得什麼樣的建議，最終還是要由身為作者的你做出修正文章的判斷。這並非說不可以遵從別人的建議，而是連同遵不遵從建議在內，都要由作者來判斷。

負起作者該有的責任

身為作者，你需要為自己所寫的文章負起責任。例如，使用別人的文章不可超出引用範圍；不可故意扭曲事實；不可故意寫出讓人誤解的字句。只要你掛著作者的名字，

就得為這些結果負起責任。

當然，作者除了責任，有時也會因所寫的文章獲得別人的讚美，若是商業性稿件，還會收到稿費。這些都是身為作者才會遇上的事。

不可寫完文章就放著不管，還要重讀與理解、尋找偏離、重新修改、反覆多次。需要刪減什麼、補充什麼，你要負起作者的責任，做出判斷。這就是推敲的基本。

2.7　本章學到的事

這章中我們學習到推敲的基本。

- **重讀與理解**自己所寫的文章
- **尋找偏離**欲寫事物的內容
- **重新修改**減少偏離的情況
- **反覆多次**上述步驟
- **抱持作者該有的自覺**

雖然這些都是理所當然的事，但仔細想想，會發現其實不易執行。然而，為了交給讀者正確且容易閱讀的文章，這些都是必要的，需要用心投入。

下一章中，我們會學習在推敲時應該注意的「字詞」。

第 3 章

字詞

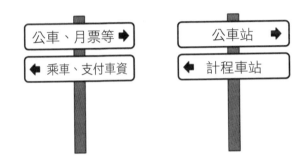

3.1　本章要學習什麼？

支持文章基礎的，是每一個字詞。如果字詞選擇錯誤，整篇文章會顯得不穩定、不好閱讀。第 3 章中，會以下列順序討論用於文章的字詞。

・字詞的斟酌
・專有名詞
・便利的字詞
・需要注意的字詞

3.2　字詞的斟酌

任何文章說到底都是由字詞堆疊而成，倘若敷衍使用一個個字詞，整篇文章可能會變得馬虎含糊。因此，作者必須一個個斟酌文章中出現的字詞。

斟酌字詞是指檢討「該字詞最適合傳達自己想說的事情嗎？」換言之，就是問自己：「**這是最適合的字詞嗎？**」具體來說，作者要檢討：「該字詞用其他字詞替換是否會比較好？」也就是問自己：「**換掉字詞會比較好嗎？**」斟酌字詞時，作者要問自己「這是最適合的字詞嗎？」與「換掉字詞會比較好嗎？」

字詞的斟酌，就像鐵路維修工人使用鐵鎚叩叩地敲擊檢查鐵軌。重讀文章的同時，作者也要用「心之鐵鎚」一個個敲擊所寫下的字詞，確認發出自己期待的回聲，不要出現奇怪的聲響。

字詞的斟酌，也像檢查設置於複雜山路的路標。路標有沒有指錯方向？上頭寫的地名清晰可見嗎？所有路標都檢查過了嗎？這些都很重要。

斟酌字詞時，作者需要以「沒有更適合讀者閱讀的字詞了嗎？」的態度面對。抱持「差不多就好」的態度，沒辦法改善文章。如果沒有確實斟酌字詞，可能發生預料之外的脫軌事故，或者讓讀者在山中迷路，所以我們必須用

心斟酌字詞。

這是最適合的字詞嗎？

作者在重讀文章的同時，要問自己：「這是最適合的字詞嗎？」

作者必須使用**讀者能夠理解**的字詞。雖然這是理所當然的，但如果忘記「為讀者設想」的原則，就有可能寫出讀者無法理解的字詞。若想要使用讀者並不理解的字詞，作者必須一併解釋清楚。

然後，字詞必須**明確表達一個意思**，要讓讀者清楚知道：「這個字詞是這個意思。」

再來，提出字詞時，必須**明確區別專有名詞與一般字詞**。專有名詞有其限定的意思，在該篇文章有特定意義。若專有名詞被誤解為一般字詞，讀者會感到混亂，所以作者得視需要補充說明。

換掉字詞會比較好嗎？

作者在重讀文章的同時，要問自己：「換掉字詞會比較好嗎？」將原本的句子與換了字詞的句子擺在一起重讀，判斷哪一句較符合自己想要表達的意思。

此時，需要注意兩個地方。

　　首先，作者必須充實自身的詞彙。如果自己不曉得其他詞彙，就不用想能否替換更適當的字詞了。想要增加詞彙，必須大量閱讀相關領域的文章。這跟學習、研究該領域密切相關。

　　另一個要注意的地方是，替換字詞時不要反而改壞了。重讀改選適當字詞的時候，不可忘記「為讀者設想」的原則。換言之，不是以「為了讓作者更能表達自己的意圖」，而是以「為了讓讀者更能理解作者的想法」這種觀點來選擇字詞。

3.3　專有名詞

專有名詞

　　一般字詞與用字相似的專有名詞，需要小心注意。因為專有名詞不是國語字典裡頭所寫的一般意思，而是限定於該領域的特殊意義。作者當然曉得意思不同，但讀者卻未必知道這件事。因此作者需要配合讀者的預設知識背景，傳達：「該字詞不是一般用法，而是專有名詞特有的限定意思。」

　　例如，數學上的「證明」是常用的一般字詞。然而，作為一般字詞的「證明」意為「確認」等，用法遠比數學

用詞寬鬆。另外，數理邏輯學中的「完備」，也是容易跟一般字詞混淆的專有名詞。其他還有「集合」「特殊」「條件」「假設」「行列」等，這些也常作為一般字詞使用，需要小心注意。生物學上的「顯性基因」「隱性基因」等，也是容易誤解意思的專有名詞。

作者清楚自己所寫的文章，但讀者不是。因此作者必須思考，設想讀者會怎麼理解專有名詞，視需要補充說明。

專有名詞的定義

說明文會根據需要定義專有名詞，接著我們要討論在文章中定義專有名詞時的注意事項。

首先，作者要思考**有需要定義該專有名詞嗎**？定義專有名詞，是為了在後面使用這個名詞。若是文章中幾乎沒有出現該專有名詞，就不怎麼需要定義。

然後，**定義敘述是否明確**也很重要。整篇文章必須寫得明白清楚，而定義敘述必須特別明確。讀者是透過定義敘述，瞭解該專有名詞的意思。如果定義敘述不清楚，讓人難以理解，定義敘述就失去意義。

定義不可循環。換言之，某專有名詞的定義敘述，不可使用該專有名詞（數學的「遞迴」，定義不是「循環」）。

作者也要注意**有沒有區別定義與性質**。「定義」與「性質」不同，「定義」是專有名詞的意義，而「性質」是由

該定義推導出來的特性。

這邊舉個簡單的例子。「三邊相等的三角形，稱為正三角形」是正三角形的定義，而「正三角形的三個角相等」則是正三角形的性質（此性質是由定義推導出來的特性）。然而，不同作者有時會使用不一樣的定義。例如，作者也可以定義「三個角相等的三角形稱為正三角形」。此時，「正三角形的三邊相等」就變成是三角形的性質。

如果沒有寫清楚「什麼是定義、什麼是性質」，讀者會感到混亂，不曉得該從哪一個出發點來思考。

想要明確表達定義，可以這樣敘述：

- 將～定義為～。
- 將～稱為～。
- 把～叫做～。
- ～的定義是～。

而想要明確表達性質，可以這樣敘述：

- ～是～的性質。
- ～具有～的性質。
- 可說～。
- 可知～。
- 可導出～。
- 可表示～。

下定義時**要注意詞性**。以名詞定義專有名詞時，可一併導入動詞、形容詞的用法。

> **例子**
> ……如上所述，滿足給定方程式的數，稱為該方程式的**解**。然後，推求方程式的解，稱為**求解**方程式。

上述例子中，導入「解」這個專有名詞的同時，也一併導入「求解」的動詞用法。

造詞

作者有時會找不到準確表達概念的字詞。此時，作者會想要創造新的字詞，這樣的字詞就稱為**造詞**。

適當的造詞能夠簡化冗長的說明，還可以幫助讀者記憶與理解，但不適當的造詞反而會妨礙理解文章。因此，造詞需要經過充分思考再來使用。

適當的造詞，對下述情況有效果：

・既存字詞無法簡潔表達。
・具有重要意義且頻繁出現。

對既存字詞已能準確表達的概念，卻創造新詞，「這和既存字詞有什麼不同呢？」讀者會感到混亂。另一方面，如果創造了新詞卻不怎麼使用，只會讓讀者產生另外記憶

新詞的負擔。

　　如果已經存在能夠表達某概念的字詞，最好避免自己造詞，因為新的字詞對讀者來說是負擔。僅在既存字詞有助大幅降低讀者誤解等優勢下，才建議創造新詞。另外，作者還要向讀者說明，該字詞不作一般性使用。

　　若是無論如何都想創造新詞，請明確定義新詞的意義再來使用。否則，沒有一位讀者能夠正確理解文意，就會變成只是作者自我感覺良好的文章。

3.4　便利的字詞

　　在這節，會介紹幾個在整理文章時，用起來很便利的字詞。

「分別」

　　「分別」是明確對應關係的便利字詞。

> **不好的例子**
> 在下述式子，用等號連接兩邊的實部與虛部，可得倍角公式。
>
> $$(\cos 2\theta) + (\sin 2\theta)i = (\cos^2 \theta - \sin^2 \theta) + (2\cos\theta \sin\theta)i$$

在不好例子中，寫的是「用等號連接兩邊的實部與虛部」。這可以有兩種解釋：

⑴用等號連接兩邊的實部，用等號連接兩邊的虛部。

⑵用等號連接左邊的實部與虛部，用等號連接右邊的實部與虛部。

就數學上的意義來說，可知應該是⑴，但若僅閱讀文字表面的意義，也有可能是⑵。

像下面改善例子1使用的「分別」，則可確定是⑴的意義。

改善例子1：使用「分別」

在下述式子，分別用等號連接兩邊的實部與虛部，可得倍角公式。

$$(\cos 2\theta) + (\sin 2\theta)i = (\cos^2 \theta - \sin^2 \theta) + (2\cos \theta \sin \theta)i$$

另外，雖然句子會變得稍長，但也可以直接改成上面的解釋⑴。下面的改善例子2，是再另加「兩」這個字去確定對應關係。

改善例子2：使用「兩」

在下述式子，用等號連接兩邊的兩實部，用等號連接兩邊的兩虛部，可得倍角公式。

$$(\cos 2\theta) + (\sin 2\theta)i = (\cos^2 \theta - \sin^2 \theta) + (2\cos \theta \sin \theta)i$$

　　簡而言之，使用「分別」「兩」即可釐清對應關係。然而，推敲文章時，若作者沒有注意到「對應關係不明確」，就不會想到要釐清對應關係。請回想第2章提到的標語「捨棄作者的帽子、戴上讀者的帽子」。雖然作者非常清楚自己文章所寫的內容，但修改時必須刻意捨棄立場，以什麼都不曉得、僅能仰賴文章理解的讀者心態來重讀。

「～的一種」

　　「～的一種」是表達「前面所提及的不是全部」的便利字詞。

> **不好的例子**
> 由這些公理所定義的群，是數學性結構。

　　由不好例子可知「群是數學性結構」，但不曉得「有沒有群以外的數學性結構」。換言之，不好的例子會在讀者的心中產生下面兩條岔路：

- 有群以外的數學性結構
- 沒有群以外的數學性結構

　　如第 1 章所述，心中產生岔路會讓讀者感到迷惑，覺得文章不容易讀。

　　想要簡潔表達「有群以外的數學性結構」，可像下面改善例子 1 使用「～的一種」。

> **改善的例子 1：使用「～的一種」**
> 由這些公理所定義的群，是數學性結構的一種。

　　「～的一種」也可表達為「其中一個～」。

> **改善的例子 2：使用「其中一個～」**
> 由這些公理所定義的群，是其中一個數學性結構。

　　不過，由於「其中一個～」與數字表達相近，彼此會相互干涉，應避免使用。請看下面不好的例子：

> **不好的例子：「五個」與「一個」相互干涉**
> 由這五個公理所定義的群，是其中一個數學性結構。

　　上述不好的例子中，「五個」與「一個」數字表達會互相干涉，可能會造成讀者輕微的混亂。此時，建議改用「～的一種」或者像下述的改善例子 3 完全改寫。

> **改善的例子 3：改寫文章讓數字表達不互相干涉**
> 如上所述，群是由公理 1～5 所定義。群是其中一個數學性結構。

　　順便一提，「群是數學性結構的一種」這樣的敘述，

會讓許多讀者在心中浮現以下疑問：

- 什麼是數學性結構？
- 群以外的數學性結構還有什麼？

作者可以回答這些疑問，讓讀者安心閱讀下去。但是，額外的回答不可過長，以免阻礙文章的主要發展。

- 讀者會在心中浮現什麼疑問？
- 這個疑問應該在文章中回答嗎？
- 這個回答需要花費多長篇幅？

作者需要衡量回答疑問的重要性，就讀者的理解程度來判斷。

「等等」

「等等」是用於列舉幾個例子，主張「還有其他東西」的便利字詞。

例子 1：使用「等等」

購買模造紙、麥克筆、美工刀、切割板等等。

例子 1 透過「等等」這個字詞，表示除了模造紙、麥克筆、美工刀、切割板，還要購買其他不知名的東西。

「等的～」的敘述，說明的是具體實例。請看下面的

例子 2：

> **例子 2：使用「等的」，並舉出具體實例**
> 購買模造紙、麥克筆、美工刀、切割板等的文具。

　　例子 2 以「等的文具」的敘述，說明包括模造紙、麥克筆、美工刀、切割板的具體實例。如此一來，讀者心中描繪的概念會一下子鮮明起來，不會覺得模糊不清。

　　但是，不謹慎使用「等」，有時反而給人模糊不清的印象，需要小心注意（參見 p.75）。

活用引號「」

　　使用引號「」，能夠強調特定的字詞。另外，「」也可將前綴多個形容詞的字詞，當作「一個字詞」來閱讀。

> **不好的例子：出現不只一個「的」**
> 進行成績單開頭的數字的相加計算，馬上就能夠判定結果。

　　在不好的例子，「成績單開頭的數字的相加計算」出現不只一個「的」，讀起來拗口。接下來使用「」加以改善，能夠讓文章稍微容易閱讀。

> **改善的例子 1：使用「」**
> 進行「成績單開頭的數字」的「相加計算」，馬上就能夠判定結果。

　　然而，這個例子除了使用「」，我們也可以朝減少「的」加以修改。

> **改善例子 2：使用「」**
> 相加「成績單開頭的數字」，馬上就能夠判定結果。

　　在改善例子 2，將「進行～相加計算」的部分改寫為「相加～」。「相加」這個詞也有「計算」的意思，也就是將「相加」當作動詞使用而非名詞。

　　順便一提，若是文章中「成績單開頭的數字」出現好幾次，加以命名會是更好的改善方式。在下述的改善例子 3，將其命名為「成績指標」。

> **改善例子 3：使用「」，並進一步命名**
> 相加「成績單開頭的數字」，馬上就能判定結果。本書會將「成績單開頭的數字」稱為「成績指標」。這個成績指標……

「」與最糟的對話框

以下是將某裝置接上電腦後，在螢幕上實際顯示的內容。這是筆者最近看到最糟的對話框視窗。

> **不好的例子**
> 省電管理員偵測到 USB 裝置。總是開啟 USB 電源的機能一般會在關閉電腦電源時失效，欲於關閉電腦電源時啟動總是開啟 USB 電源的機能，請點擊確認按鈕。
> 註：欲使用總是開啟 USB 電源的機能，請插入黃色的 USB 插槽。
> 〔確認〕〔取消〕

這是一段糟糕的文字。首先，「總是開啟 USB 電源的機能」的部分需要多讀幾次，才能注意到這是一個機能的名稱。亦即：

總是開啟 USB 電源的機能一般會在關閉電腦電源時失效。

「總是開啟 USB 電源」的機能一般會在關閉電腦電源時失效。

加上「」，就會變得好讀許多。

改善的例子 1：以「」改善易讀性

省電管理員偵測到 USB 裝置。「總是開啟 USB 電源」的機能一般會在關閉電腦電源時失效，欲於關閉電腦電源時啟動「總是開啟 USB 電源」的機能，請點擊確認按鈕。

註：欲使用「總是開啟 USB 電源」的機能，請插入黃色的 USB 插槽。

〔確認〕〔取消〕

　　然而，這段文字不可僅加入「」就結束修改。尤其，此視窗要求使用者從〔確認〕與〔取消〕二選一，所以必須說明什麼時候要點擊哪個按鈕。下面是略加改善的例子。

改善例子 2：說明什麼時候點擊按鈕

USB 裝置連接至插槽 X。

目前的設定為關閉電腦電源時，插槽 X 的電源跟著關閉。若欲變更為關閉電腦電源時，保持插槽 X 的電源開啟，請點擊〔確認〕按鈕。若不變更目前的設定，請點擊〔取消〕按鈕。

〔確認〕〔取消〕

　　當注意力集中在字詞上，推敲文章時，視野會變得狹隘。正如同「上帝藏在細節裡」，關注細節很重要，但我

們也不可忽視文章的全貌。

關於整篇文章的平衡，會在第 5 章討論。另外，我們也可以設定不同階段，閱讀時先集中注意字詞，再集中注意文章整體全貌。關於多樣化的推敲方式，會在第 7 章討論。

3.5 需要注意的字詞

在這節，會討論「需要注意的字詞」。這邊介紹的字詞多為「無意中使用的字詞」。請確實檢討是否真的需要這些字詞，若不需要則刪除。

「基本上」

> 不好的例子
> 基本上，拓樸學家會將咖啡杯與甜甜圈視為相同的東西。

不好的例子使用了「基本上」這個字詞。然而，即便刪除這個字詞，想要表達的內容也不會有什麼改變。

> 改善的例子
> 拓樸學家會將咖啡杯與甜甜圈視為相同的東西。

看到「基本上」這個字詞時，不妨反問自己：

・存在「非基本的情況」嗎？

・刪掉「基本上」意思會改變很多嗎？

若是確實存在「非基本的情況」，或者刪除「基本上」意思會變得大不同，可以使用「基本上」這個字詞，否則就刪除吧。

「在某種意義上」

「在某種意義上」也是「無意中使用的字詞」。

> **不好的例子**
> 因此，演算法 A 在某種意義上需要注意。

像這個不好的例子寫「在某種意義上」，請你馬上反問自己：「某種意義是哪種意義？」若能夠簡潔說明「某種意義」究竟是什麼，則不要寫「在某種意義上」，請直接說明該「意義」；若不能說明，則請檢討是否需要刪除「在某種意義上」。

> **改善的例子：說明「在某種意義上」的「意義」**
> 因此，演算法 A 在記憶體的消耗量上需要注意。

　　「在某種意義上」這個字詞對作者來說相當便利，能夠省略繁雜的說明。然而，對讀者來說如何呢？讀者會浮現「某種意義是哪種意義？」的疑問，內心覺得不暢快。因此請作者不要偷懶，確實說明「某種意義」吧。這才是遵守「為讀者設想」原則的態度。

「等」

　　「等」是便利的字詞，但有時會給人模糊不清的印象，所以不可沒有自覺地使用，僅限確實存在舉例以外的情況下使用吧。另外，「有時」「有時會」一起使用時，會進一步加強模糊的印象，需要小心注意。

　　①這個方式有時也會用於加密技術等。
　　②這個方式也會用於加密技術等。
　　③這個方式有時也會用於加密技術上。
　　④這個方式也會用於加密技術上。

「相同」

　　某物與其他東西「相同」，是重要的主張。討論「相同」這個用語表示什麼意思，有時甚至能延伸出一門學術領域。例如，在位相幾何學，某圖形與另一圖形「同胚」

具有重要的意義；在數論的同餘式，某數與另一數「同餘」
具有重要的意義。這些都是嚴格規定「相同」這個詞意義
的例子。

　　想要使用「相同」這個詞時，應該說明在什麼意義上
相同，且還要確認在該意義上有無相同意思的專有名詞。

　　下面是在某意義上表示「相同」的名詞。

- 相等……數或量相同
- 相似……形狀相同
- 全等……形狀與大小相同
- 平行……直線或向量的方向相同
- 同胚……同胚映射存在
- 同構……同構映射存在

　　簡潔表達「相同」的方式，還有「A是B」。雖然這個
表達不壞，但它還可以表示其他意思。在想要清楚表達意
義的情況下，不妨選擇更清楚的表達方式。

- 「n 是 1」
  （變數 n 的值等於 1）
- 「4：6 是 2：3」
  （4：6 的比值等於 2：3 的比值）
- 「1 是整數」

（1 屬於整數的集合）

・「正方形是菱形」

（正方形的集合，包含於菱形的集合）

・「二進位的 111 是 7」

（在二進位表記 111 的數，換到十進位則表記為 7）

「真的」

作者需要注意「絕對」「肯定」「總是」「真的」等強化語氣的表達，因為可能過於突顯強調的部分，讓人覺得文章過於主觀。

> 例子：「真的」有需要嗎？
> 因此，使用演算法 M 的場合，真的需要大量的記憶體。

雖然上述例子不能說差，但使用「真的」這個字詞有比較好嗎？像下面的改善例子 1 刪掉以後，意思沒有多大的變化。

> 改善的例子 1：刪除「真的」
> 因此，使用演算法 M 的場合，需要大量的記憶體。

然而，作者想要寫出「真的」，應該是有特別想要強調的理由。因此不妨直接說明理由。

> **改善的例子 2：說明比較的對象**
> 因此，使用演算法 M 的場合，跟使用演算法 L 相比，
> 需要大量的記憶體。

在上述的改善例子 2，刪除「真的」，追加「跟使用演算法 L 相比」，說明了比較對象。

> **改善的例子 3：使用定量表達**
> 因此，使用演算法 M 的場合，需要 $O(2^n)$ 的大量記憶體。

在上述的改善例子 3，刪除「真的」，追加「$O(2^n)$」，使用了定量的表達方式。

定性表達與定量表達

「碩大」「頻繁」「輕盈」等定性的表達，是將實際程度交由讀者判斷的主觀表達。與此相對，「37公尺」「每週 3 次」「0.1 公克」等定量表達，則是客觀的表達方式。

> **例子：定性表達**
> 因此，程式 P 頻繁執行失敗。

上述例子使用「頻繁」的定性表達。

> **例子：定量表達**
>
> 因此，程式 P 有 32 ％的機率執行失敗。

上述例子使用「32 ％」的定量表達。

定性表達未必都不好，定量表達也未必都好。在一般說明文中傳達概念時，有時定性表達會比較好；在論文等需要客觀敘述時，則應該使用定量表達。不管是哪種情況，作者都需要知道自己使用的是哪一種表達。

指示詞

「這個」「那裡」「那邊」等指示詞，必須確認代指什麼。雖然確認很麻煩，但並不困難，每當遇到文章中出現指示詞，不妨試著用自己的話來說明指示詞代指什麼吧。

> **不好的例子：指示詞代指什麼不明確**
>
> （藥品 A 的說明）……因此，藥品 A 建議在實驗室使用。順便一提，具有相同效果的藥品B，可以更便宜的價格購得。此藥品應該注意的地方……

不好的例子中，最後的「此藥品」代指什麼不明確。因為前面一直說明藥品 A，所以「此藥品」可能是指藥品 A，但也可能是指前面的藥品 B。

下述的改善例子中，將「此藥品」改為「藥品A」，即可防止誤解。

> 改善的例子：不用指示詞
>
> （藥品 A 的說明）……因此，藥品 A 建議在實驗室使用。順便一提，具有相同效果的藥品B，可以更便宜的價格購得。藥品 A 應該注意的地方……

修改文章的時候，可能在指示詞與指示詞所代指事物之間，插入其他敘述。換言之，即便指示詞在某個時間點代指什麼很明確，仍有可能在反覆推敲的過程中變得不清楚。因此，結束推敲之前，務必再從頭到尾通讀一遍。關於結束推敲的時間點，會在第 8 章討論。

「和」

「～和～」有時一不小心就會變得意義不明。

> 不好的例子：「和」的意義不明
>
> 能夠作為入場許可證的，有門票和會員卡。

不好的例子中，說明了可作為入場許可證的東西。寫成「門票和會員卡」，這種情況會讓人不曉得是下面哪種情況：

- 「門票和會員卡」兩個都需要？

・「門票和會員卡」只需要其中一個？

就文字內容來說，大概可以推測是只需要其中一個，但心中仍會覺得不安。這是讓讀者感到迷惑的例子。

像下面的改善例子改變表達方式，內容就會清楚許多。

> **改善的例子**
> 門票和會員卡，兩個都能夠作為入場許可證。

補充訊息

補充訊息，有時會遇到範圍不明確的情況。

> **不好的例子：補充訊息的範圍不明確**
> 函數 $f(x)$ 可用於加密技術，也可用於電子簽章（$x>0$ 的情況）。

在不好的例子，括號中寫了「$x>0$ 的情況」這種補充訊息。然而，此補充訊息的範圍不明確，可能有下面兩種情形：

・函數 $f(x)$ 總是可用於加密技術，
　但電子簽章僅能在 $x>0$ 時使用。

· 函數 $f(x)$ 可用於加密技術與電子簽章，
　但兩者都要在 $x>0$ 時才能使用。

改善的例子：明確補充訊息的範圍
函數 $f(x)$ 總是可用於加密技術，但電子簽章僅能在 $x>0$
時使用。

3.6　本章學到的事

這章中，我們討論字詞的注意事項。

想要寫出容易閱讀的文章，必須使用意義明確的字詞。重讀文章的同時，一個個斟酌使用的字詞吧。另外，平時有機會閱讀其他文章時，也請提醒自己多注意文章中的字詞。作者使用適當的字詞寫作文章，有助於「減少讀者的迷惑」。

句子是由字詞堆疊而成。下一章，我們要來討論句子的推敲。

第 4 章

句子的推敲

4.1　本章要學習什麼？

首先，請閱讀下面的句子。

> 我抱著相機靠過來的松鼠餵食胡桃。

這個句子在描述什麼樣的情景呢？

①抱著相機的是我。

有隻松鼠靠過來，我維持抱著相機的姿勢餵食胡桃。
②抱著相機的是松鼠（！）。

具有高度智慧的松鼠靠過來，我餵食胡桃。

①是符合常識的讀法，但②的讀法也說得通。像「抱著相機的松鼠」非現實的情況，讀者會馬上注意到「②的讀法是錯誤的」。然而，由於僅能從文章判斷，讀者可能在感到迷惑或者產生誤解的情況下，繼續閱讀下去。

這章中，就來透過具體的例子學習：

・什麼樣的句子容易令人誤解？
・怎麼改寫才不會被讀者誤解？

4.2　拆成短句

長句不好處理。遇到寫作不順的情況，拆成短句是有效的做法。

注意複文

以開頭的句子為例，練習「複文」的處理。

> 不好的例子：招人誤解的句子
> 我抱著相機靠過來的松鼠餵食胡桃。

不好的例子中，一個句子使用了「抱著」「靠過來」「餵食」等多個動詞（述語）。這樣的句子日文稱為「複文」。

複文本身並非不好，但處理起來較為困難。不習慣寫作文章的人，需要注意複文，反覆閱讀，確認自己寫的是否為容易招人誤解的複文。

為了避免誤解，以為松鼠具有高度智慧，改採符合常識的讀法，有下述幾個改善方法。

例如，**標上逗號**是其中一種改善方法。

改善的例子1：標上逗號

我抱著相機，對靠過來的松鼠餵食胡桃。

或者，**改變語順**也是改善的方法。

改善的例子2：改變語順

有隻靠過來的松鼠，我抱著相機餵食胡桃。

像上述改善例1、2標上逗點或者改變語順，就能說清楚「抱著相機的不是松鼠」。

然而，實際改寫自己的文章時，未必能夠這麼輕鬆解決。此時，不妨試試**「拆成多個短句」**的改善方式。

> 改善的例子3：拆成多個短句
> 有隻松鼠靠過來。我抱著相機，餵食那隻松鼠胡桃。

　　標上逗號、改變語順，已經能夠消除大部分誤解，但果斷放棄複文，拆成短句也是不錯的選擇。

　　「我完全沒想過會有抱著相機的松鼠。不會有讀者那樣誤解啦。」有些人或許會一笑置之吧。然而，在推敲時，作者必須採取**故意找碴的讀法**，督促自己盡量減少句子誤解的可能性。

刪減不必要的字詞

　　作者應該刪減不必要的字詞。

> 例子
> 那麼，接著解說諸如加減乘除等的運算。

　　上述例子並非錯誤，但能夠刪減不必要的字詞，使句子變得簡潔有力。

　　①那麼，接著來解說諸如加減乘除等的運算。
　　②那麼，接著來解說加減乘除等的運算。
　　③那麼，接著來解說加減乘除的運算。
　　④那麼，接著來解說加減乘除。

　　從①到②刪減了「諸如」。這邊的「諸如」刪除後，句子的意思沒有改變，所以可以刪掉「諸如」。

　　從②到③刪減了「等」。如果作者明確具有的意圖是，「除了加減乘除，還要繼續解說『餘數運算』『乘冪運算』，只是在文字中不適合全部列舉出來」，則「等」可以留下來。然而，如果「仔細想想，不必解說加減乘除以外的運算」，「等」就是無意間寫出來的字詞，應該予以刪除。

　　從③到④刪減了「運算」。「加減乘除的運算」已經含有「加減乘除是運算操作」的意思。若是想要深入寫出這層意思，「加減乘除的運算」寫法就不壞。但是，如果對閱讀階段的讀者來說，「運算」這個訊息沒什麼意義，刪除「運算」也是一種做法。

　　刪減字詞後，會失去句子裡頭的「轉圜餘地」「緩衝部分」，讓句子結構變得明確清晰。然而，這樣有時會像坐在沒有座墊的椅子上，給人硬梆梆的印象。

　　雖然我們要刪減不必要的字詞，但判斷不必要的字詞並沒有想像中的簡單。句子結構清楚是好事，但有時會不希望產生硬梆梆的印象，讓人覺得文章難讀吧。

　　將自己所寫的句子刪減字詞，再暫且將刪減的字詞搬回來，確認怎樣的句子符合你的目的吧。這並沒有「一定要這麼做」的統一做法，作者應該視情況而定。

　　「等」是便利的字詞，但也是容易在無意中使用的字

詞。詳細內容請參見第3章〈字詞〉。

注意「的」字數

「的」字數太多，會讓句子變難讀。

> **不好的例子：「的」字數太多**
> 需要處理反應的速率的測量的結果的資料的程式。

這個例子的「的」太多，不好閱讀。

當「的」這個字在句中連續超過兩個以上，就要檢討減少「的」字數。

我們可以像下面這樣減少「的」字數：

・單純省略「的」

　「反應的速率」→「反應速率」

　「測量的結果」→「測量結果」

・省略冗長的部分

　「測量的結果的資料」→「測量結果」

・將「的」換成不同的敘述

　「處理～的程式」→「程式處理～」

> **改善的例子：減少「的」字數**
> 需要程式處理反應速率的測量結果。

　　除了上述方式，若句子中頻繁出現「○○的○○」組合，也可以指定個別用語。例如，對「反應速率的測量結果」，指定「結果 A」等用語。

「能夠做到」與「能夠」

　　「能夠做到」有時會給人拐彎抹角的感覺。請比較下面兩個句子：

　　①這個裝置能夠做到在 30 秒內處理廢棄物。

　　②這個裝置能夠在 30 秒內處理廢棄物。

　　②比①簡短、清爽利落。

　　不過，並不是任何情況都要將①改為②。視文章情況，有時①的寫法比較能讓人慢慢閱讀。

　　注意：說明書等容易大量出現相同句型，此時建議不要個別一句句推敲，而是推敲整體共同的句型。

4.3　明確的句子

　　作者應該寫出明確的句子，因此需尋找並改寫不明確的部分。

明確的對應

文章中出現多個對應關係時，需要小心注意。

不好的例子：多個對應關係不明確

請見 Table 1 和 Table 2 中的加法和乘法列表。

不好的例子中，「Table 1 和 Table 2」與「加法和乘法」的對應關係不明確，可能出現下述情況：

① Table 1 是「加法列表」、Table 2 是「乘法列表」。
② Table 1 是「乘法列表」、Table 2 是「加法列表」。
③ Table 1 和 Table 2 兩者都是「加法和乘法列表」。

作者當然知道 Table 1 和 Table 2 分別是什麼列表，即便重讀上述不好的例子，還是可能沒有注意到會有錯讀的情形。

然而，第三者一讀馬上就會迷惑：「哎？哪個是哪個列表？」因此，將自己的文章拿給第三者閱讀，有助於改善文章的缺失。詳細內容會在第 6 章〈評論〉說明。

改善的例子：明確多個對應關係

請見加法列表（Table 1）和乘法列表（Table 2）。

使用「分別」釐清對應關係

使用「分別」，以釐清對應關係。

> **不好的例子：對應關係不明確**
> 指令 fx 和 gx 執行檢索和刪除。

不好的例子中，「指令 fx 和 gx」與「檢索和刪除」之間對應關係不明確。

①指令 fx 和 gx 兩者都會執行「檢索和刪除」。

②指令 fx 執行「檢索」；指令 gx 執行「刪除」。

③指令 fx 執行「刪除」；指令 gx 執行「檢索」。

（這是最糟糕的誤解）

以①的情況來說，可以像下面的改善例子 1a、1b 強調兩者「都會」。

> **改善的例子 1a：①的情況**
> 指令 fx 和 gx 都會執行檢索和刪除。

> **改善的例子 1b：①的情況**
> fx 和 gx 兩指令，都會執行檢索和刪除。

對於②的情況，可像下面的改善例子 2a、2b 釐清對應關係，改善例子 2b 用的則是「分別」的方法。

> **改善的例子 2a：②的情況**
> 指令 fx 執行檢索；指令 gx 執行刪除。

> **改善的例子 2b：②的情況（使用「分別」）**
> 指令 fx、指令 gx 分別執行檢索和刪除。

明確主詞

　　一般來說，**明確主詞**是好事。「誰」做了什麼？發生了「什麼」？釐清這些事，能夠避免讀者產生誤解。

> **不好的例子 1：沒有寫出主詞**
> 藉由等候佇列傳輸資料。在輸入資料時，若無空領域則進入待機狀態。等到提取資料後再開始執行。

　　閱讀上述不好的例子 1 後，心中會產生許多疑問：

・藉由等候佇列傳輸資料。

　　→疑問：誰／什麼傳輸？

・若無空領域則進入待機狀態。

　　→疑問：誰／什麼進入待機狀態？

・等到釋出資料後再開始執行。

　　→疑問：誰／什麼再開始執行？

會產生這樣的疑問，是因為沒有寫出主詞，不曉得動作的主體是誰（什麼）的緣故。

那麼，下面不好的例子 2 如何呢？

不好的例子 2：主詞不明確

執行緒藉由等候佇列傳輸資料給其他執行緒。執行緒在將資料輸入等候佇列時，若無空領域則執行緒進入待機狀態。等到其他執行緒從等候佇列提取資料，釋出空領域後，再開始執行剛才的執行緒。

上述不好的例子 2 姑且寫出了主詞，但「執行緒」「其他執行緒」「剛才的執行緒」是什麼卻不明確。由文章可知存在多個「執行緒」，但哪個和哪個相同並不清楚。

作者能夠清楚掌握情況，因此自己可能不會覺得上述不好的例子 2 難讀。然而，讀者僅能仰賴文章來想像情況。因此，重讀推敲文章時，作者必須捨棄自己的帽子，換戴讀者的帽子。

改善的例子：主詞明確

執行緒 A 藉由等候佇列傳輸資料給執行緒 B。在執行緒 A 輸入資料至等候佇列時，若無空領域則執行緒 A 進入待機狀態。等到執行緒 B 從等候佇列提取資料，釋出空領域後，再開始執行執行緒 A。

　　上述的改善例子，命名了「執行緒A」「執行緒B」等名稱。如此一來，就能釐清「傳輸資料」「進入待機狀態」「提取資料」「再開始執行」……等動作的主體是誰（什麼）。

4.4　言外之意

言外之意是指？

　　閱讀文章時，有時會遇到「文字未寫明清楚，卻自然浮現於心中的意思」，這就是所謂的**言外之意**。

　　完全沒有任何人讀出文章裡頭的言外之意，這樣的情況是不可能發生的。因此，作者需要注意，不要讓讀者心中浮現的言外之意，阻礙閱讀或者產生誤解。

　　我們來仔細討論下面的例子吧。

> **例子**
> 藥品 A 不與 B 之類的藥品反應。

　　閱讀上述例子的讀者，會讀出什麼言外之意呢？因為特地寫出「B 之類的藥品」，讀者會覺得「存在藥品 A 與藥品B以外的藥品」。在讀者心中，「A 和 B 以外的藥品」會像雲一樣浮現，理所當然地產生疑問：「以外藥品跟藥

品 A、藥品 B 是什麼關係?」

　　因此,若是後續文章都沒有出現「A 和 B 以外的藥品」,讀者會默默感到不滿。

　　即便不是緊接著出現也沒關係,像下面的①、②提到「藥品 C」,就能讓讀者平靜下來。

　　①藥品 A 不與 B 之類的藥品反應。
　　　藥品 A 會與藥品 C 反應。
　　②藥品 A 不與 B 之類的藥品反應。
　　　與藥品 B 反應的是藥品 C。

　　「A 和 B 以外的藥品」並不需要立刻就解釋。請見下面的例子。

改善的例子

藥品 A 不與 B 之類的藥品反應。這是藥品 B 的成分含有⋯⋯的緣故。

如上所述,藥品 A 不與藥品 B 反應,但會與藥品 C 反應。因為藥品 C 不同於藥品 B,⋯⋯的緣故。

　　由前面的例子,大家應該都瞭解了言外之意吧。在此所說的「言外之意」,或許也可稱為「自然浮現的疑問」「可能性的想法」「背後隱含的主張」。

　　言外之意本身絕非壞事。正因為產生「想要解決心中

浮現疑問」的念頭，讀者才會想要繼續閱讀下去。

為了確實回應讀者的這個念頭，作者自己也要設想讀者心中可能會浮現的疑問，並在文章中解決。

如果沒有解決，讀者會隱約在心中存留疑問，然後繼續閱讀後面的內容。這會對讀者造成負擔，覺得文章很難讀。

請注意，要解決讀者對言外之意產生的疑問。

注意「情況、時候」

作者應該注意「情況、時候」衍伸出來的言外之意。

> **例子**
> 下標 n 為奇數時，無法計算和 F_n。

這個例子出現「奇數時」。讀到這句話的讀者，自然會在心中浮現疑問：「那麼，偶數的時候呢？」

因此，作者必須在文章的某處提及「偶數時的情況」。

> **改善的例子**
> 下標 n 為奇數時，無法計算和 F_n。但是，偶數時的情況可用下述方法計算。

發生新的疑問

存在多個要素時，言外之意產生的疑問不易解決。

> **例子**
> 開關 a 不可與開關 b 同時開啟。

試著稍微補充內容吧。

> **補充內容的例子 1**
> 開關 a 不可與開關 b 同時開啟。不過，開關 a 可與開關 c 同時開啟。

在補充內容的例子 1，強調的是「不可同時開啟的僅限開關 b」。

> **補充內容的例子 2**
> 開關 a 不可與開關 b 同時開啟。不過，開關 a 開啟後，可再開啟開關 b。

在補充內容的例子 2，強調的是「被禁止的事情是同時開啟」。

像這樣補充內容，可稍微解決讀者的疑問，但並沒有完全解決。因為補充的內容會衍生出新的疑問。

請看下面的例子。

> **例子**
> 紅燈亮起時，不可以打開門。

- 「紅燈」是關鍵嗎？
　→綠燈亮起時，可以打開門嗎？
- 「亮起」是關鍵嗎？
　→紅燈閃爍時，可以打開門嗎？
- 「門扉」是關鍵嗎？
　→紅燈亮起時，可以打開門扉嗎？
- 「打開」是關鍵嗎？
　→紅燈亮起時，應該把開啟的門關起來嗎？

　　讀者閱讀一個句子會產生無數個想法，因此想要完全回答是不可能的事情。但是，作者必須正確想像多數讀者可能浮現的疑問，並且努力回答那些疑問。

　　作者的想像正不正確，要問讀者才知道。因此，作者必須讓第三者以讀者的立場閱讀文章。這就是所謂的評論。關於評論，會在第6章討論。

　　讀者浮現的疑問太多或者條件複雜時，作者會對寫作適當的文章感到痛苦。但是，被迫閱讀難讀的文章，對讀者來說更痛苦。如果作者覺得文章寫起來**非常**痛苦，或許表示內容本來就不適合以文章表達。此時，請不要勉強拘

泥於文字敘述，請善用圖表、圖片、關係圖、數學式、程式語言等其他方式。

A 比較好

「～比較好。」讀完這個句子的讀者，會在心中浮現疑問：「這是跟什麼比較？」

> **例子**
> 結果，用十進位表示比較容易閱讀。

上述的例子寫出「用十進位表示比較……」，這也就「言外地」表示了「比起用二進位表示」「比起用十六進位表示」等**比較對象**。

上述的例子並非不好，但根據預設讀者的不同，（與沒有寫明相較）有時寫明比較的對象讀者較清楚。

> **例子：補充比較對象的情況**
> 結果，比起用二進位表示，用十進位表示更容易閱讀。

另外，雖然像上述例子寫出來可釐清比較對象，但句子也會變長。由於這章一開始說要「拆成短句」「刪減不必要的字詞」，因此到底是要充分補充內容比較好呢？還是刪減比較好呢？

　　我們沒辦法決定哪種做法比較好，因為應該補充多少內容，會因文章的難易度、預設讀者而不同。

　　筆者推薦下述做法：

- ·重讀句子，思考誤解的可能性。
- ·改寫句子，減少誤解的可能性。
- ·再次重讀句子，判斷改寫前後的句子，何者比較適合。

　　對於自己所寫的句子，要像這樣堅持不懈、一點一滴地推敲。

4.5　注意否定形式

　　注意否定句，尤其需要注意雙重否定。

避免雙重否定

　　作者應該避免雙重否定。若發現雙重否定，請檢討，是否可改為肯定表達的方式。

> 例子
> 使用這個公式，沒有不能求解的二次方程式。

　　上述例子並不是不好，但改寫成下述會更為通順。

> **改善的例子**
>
> 任何二次方程式的解，都能用這個公式求得。

　　改寫法有各種可能的方式，重要的是考量前後脈絡和文章發展來改寫。

　　①使用這個公式，沒有不能求解的二次方程式。
　　②若使用這個公式，能夠求出所有二次方程式的解。
　　③無論是什麼樣的二次方程式，都能用這個公式求解。
　　④任何二次方程式的解，都能用這個公式求解。

意義上的雙重否定

　　作者也要注意意義上的雙重否定。

> **例子**
>
> 使用這個演算法，不存在無法處理的多項式。

　　這個例子並不是不好，在強調主張上相當有效果。然而，「不存在」與「無法」在意義上形成雙重否定，所以下面的改善例子，比較好理解。

> **改善的例子**
>
> 這個演算法能夠處理所有多項式。

注意「不能說～」

　　請看下面的句子。

> 例子
>
> 不能說沒有輸出錯誤值的可能性。

　　「不能說沒有可能性」等同於「有這種可能性」嗎？
稍微有些不一樣。含有的言外之意是「雖然不能斷言有這
種可能性……」。

　　「不能說～」未必不好，但卻可能不經意混進作者的
主張，失去客觀性的印象，需要小心注意。

　　一般來說，有就「有」、沒有就「沒有」，這樣決斷
比較容易閱讀。若是無法決定有還是沒有，就像下面這樣，
以數值定量表達。

> 例子
>
> 存在輸出錯誤值的可能性，此可能性約為 3 ％。

4.6　改變語順

「很」的位置

作者應該注意「非常」「很」「太」等，表達程度大小的字詞，應放在文章中什麼位置。

例子

①以低速線路傳輸非常大的檔案會花費時間。

②以非常低速線路傳輸大的檔案會花費時間。

③以低速線路傳輸大的檔案會非常花費時間。

④以低速線路傳輸大的檔案會花費非常多的時間。

在上述的例子，從①到③僅有「非常」的位置不同，但句子的意思不太一樣（③與④意思幾乎相同）。

根據筆者的經驗，表達程度大小的字詞，經常會加在最前面。重讀的時候，應該重新檢討在句中放置的位置。

「僅有」的位置

作者應該釐清「僅有」的限定對象。

例子

①指令 A 刪除檔案 X。

②指令 A **僅有**刪除檔案 X。

③指令 A 刪除的**僅有**檔案 X。

④**僅有**指令 A 刪除檔案 X。

②到④，是在①中加入「僅有」的句子。

・②是主張「僅有刪除」，所以不會進行複製、移動。

・③是主張「僅有檔案 X」，所以不會刪除檔案 Y、檔案 Z。

・④是主張「僅有指令 A」，所以指令 B、指令 C 不會刪除檔案 X。

若像下面使用多個「僅有」，會變成意義不明的句子，請小心注意。

　✕ 僅有指令 A，僅有刪除檔案 X。

作者要確認句子中「僅有」的位置，是否符合自己的想法。

「所有」的位置

下面兩個句子的意思不同。

①二次方程式的所有解,都能用此公式求得。

②所有二次方程式的解,都能用此公式求得。

寫成①「二次方程式的所有解」時,「所有」這個字詞是修飾「解」。

與此相對,寫成②「所有二次方程式的解」時,「所有」這個字詞多被認為修飾「二次方程式」。作者必須根據想要表達的意思,決定「所有」的位置。

然而,或許會有讀者認為②之中的「所有」是修飾「二次方程式的解」。這是讀法不同的問題。為了避免產生像這樣的模糊不清,不如將整個句子改寫。例如,像下面這樣:

②' 任何二次方程式,都能用此公式求解。

4.7 本章學到的事

這章中,討論的是句子的推敲。當然,這章所討論的內容並未網羅所有句型。不過,推敲自己文章時,下列會是不錯的指導方針:

- 拆成短句
- 內容明確
- 注意言外之意

・注意否定形式

・改變語順

為什麼這些會是不錯的指導方針呢？因為這些都是為讀者的設想。作者應該減少讀者的負擔，配合讀者內心的律動來調整句子。

上一章（第3章）中討論的是最小單位的「字詞」；這一章（第4章）中討論的是單位稍微大一些的「句子」；下一章（第5章）中我們則會討論最大單位「整篇文章」的平衡。

第 5 章

整篇文章的平衡

5.1　本章要學習什麼？

這章中，會探討整篇文章的平衡。一篇文章，即便選擇適當的字詞，即便每個句子都正確且容易閱讀，如果沒有取得平衡，仍舊沒有意義。作者應該以縱觀大局的觀點重讀整篇文章，確認是否準確寫出所有自己想要表達的事，並且調整整篇文章的平衡。

這章中會以下列順序說明：

- 什麼是平衡？
- 分量的平衡
- 品質的平衡

5.2　什麼是平衡？

首先，我們要思考什麼是文章的平衡，討論為什麼需要取得文章的平衡。

文章的平衡

平衡良好的文章是指，文章中的必要內容寫得不多不少。平衡良好的文章容易閱讀；平衡不良的文章則不容易閱讀。

例如，敘述某個主張時，僅寫出主張並不容易閱讀。即便理解了主張，讀者也會產生許多疑問。

- 理由（為什麼成立？）
- 具體例子（具體來說是怎麼一回事？）
- 結果（因此可推論出什麼事情？）

如果沒有足夠的訊息回答這些疑問，讀者就不會認同。設想讀者需要的內容，寫得不偏不倚，才是平衡良好的文章。

將文章的每個句子寫得容易閱讀，與統整整篇文章的平衡是兩回事。我們常會遇到每個句子都容易閱讀，但整體卻不好閱讀的情況。若將整篇文章比喻為城鎮，即便每條道路都是直線，道路組合卻像迷宮一樣，整座城鎮便會

難以通行。

在統整文章的平衡時，需要的觀點跟調整句子是不同的。這個觀點不是單看一棵樹，而是看整座森林，也就是縱觀整篇文章的觀點。

分量的平衡與品質的平衡

取得**分量**的平衡是指，縱觀整篇文章時，必要的要素寫得十分充足，而不必要的要素沒有提到。

取得**品質**的平衡是指縱觀整篇文章時，不會有些地方敷衍粗糙，有些地方推敲仔細。

請一面考量分量的平衡與品質的平衡，一面重讀自己所寫的整篇文章吧。下一節開始，會進一步詳細說明分量的平衡與品質的平衡。

5.3　分量的平衡

作者應該縱觀整篇文章，統整分量的平衡。換言之，我們需要分配充足的篇幅給必要的要素。

沒有遺漏的要素嗎？

重讀自己的文章時，注意是否有遺漏的要素？

　　你原先預計要說明的要素、本來應該提到的要素，全部都有寫出來嗎？尤其讀者期望這篇文章出現的要素，更是不可以遺漏。若是在閱讀過程中感到：「為什麼沒有寫到這件事呢？」會使讀者對文章產生不信任感。這不是我們所樂見的情況。下面是以疑問句的形式，提示你找出遺漏要素的重點。

- 沒有出現缺乏**理由**的主張嗎？提出想要說的主張，卻沒有說明成立的理由和根據，會讓讀者覺得你的主張站不住腳。
- 對於抽象描述有舉出**具體例子**嗎？抽象的描述，會讓讀者覺得難以理解。
- 說明的推移，沒有突兀的**跳躍**嗎？跳躍性的說明，會讓讀者腳絆到摔倒。
- 是否**列舉**出所有應該列舉的要素嗎？應該列舉的要素若有遺漏，會讓讀者產生不信任感。
- 是否提到必要的**證明**，或有收錄證明的**參考文獻**嗎？沒有寫出證明、也未列出證明的參考文獻，這樣的命題會讓讀者感到不安。
- 是否寫出**全文結論**嗎？沒有全文結論，會讓讀者產生文字散漫的印象。

雖然決定文章必要要素的是作者，但是由讀者的觀點

來判斷什麼是必要的要素。換言之，作者必須做到第 2 章
提及的「戴上讀者的帽子」。

長度適當嗎？

　　若是沒有遺漏要素，接著請探討各要素的**長度適當嗎**？
重要部分需花費較多的篇幅敘述。翻閱目錄，檢查各章節
頁數，看看是否跟自己所設想的重要性一致？思考想要透
過整篇文章向讀者傳達想法時，這樣的篇幅分配是否適當？

　　作者需根據重要性，分配各章篇幅。雖然推敲時會補
充或刪減內容，但最後還是必須配合想要表達重點的輕重
緩急，調整整篇文章中各章節的長度。若將文章比喻為城
鎮，推敲就是把主要道路規劃成主要道路的樣子，把小巷
子規劃成小巷子的樣子。既然是主要道路，就要設於城鎮
中心，請確實鋪設寬廣的道路吧。

　　文章長度會因文章的性質與預設的讀者而不同。如果
文章是針對毫無背景知識的讀者，文章引導部分就要充分
說明。如果想提出不同於一般主張的說法，就要充分敘述
自己主張與一般主張的對比。如果想向讀者舉出許多例子，
當然就要多加著墨例子與解說。若想提出全新的概念，則
要確實說明定義，分配篇幅，論述其正當性。

　　長度的平衡——換言之，什麼寫得比較多、什麼寫得

比較少，會直接反映作者對「整篇文章」的安排，以及「預設的讀者」。

強調的地方恰當嗎？

作者應該斟酌，強調的地方恰當嗎？在文章中，會出現讓讀者印象深刻的要素。例如，**改變字體加以強調**就是一種代表。或者，也可

　　　另換一行，以突顯內容。

除此之外，還有以圖片、表格、程式碼等非文字的要素，可讓讀者印象深刻。作者要注意**真正應該強調的地方**。

雖然「強調真正應該強調的地方」是理所當然的，但卻經常可看到有文章未遵守這點。下面舉幾個典型的錯誤。

首先，典型的錯誤之一是**強調的地方過多**。強調的地方太多，反而會不曉得哪邊才是真正應該強調的地方。

接著，不斷強調「**不可以～**」，卻忘記強調「**應該要～**」，也是典型的錯誤之一。例如，文章附圖的說明是：「緊急情況發生時，不可以開啟黃色配電盤，也不可以拉起綠色把手。」此時，讀者會對黃色配電盤與綠色把手產生深刻的印象。然而，真正應該強調的卻應該是「緊急情況發生時，請按下紅色按鈕」。電腦程式、演算法、數學

公式、適用公式的常數值、問題的解法等，都必須仔細考慮該強調「不可以～」還是強調「應該是～」。

捨不得刪減好不容易作好的圖例，也是典型的錯誤之一。圖片、表格、程式碼會讓讀者留下深刻的印象，所以可視為強調的一種。適當使用的確具有不錯的效果，但不適當使用，卻可能讓讀者誤會作者想要強調的地方，甚至錯誤解讀整篇文章的主張。繪製圖例需要投注時間精力，作者容易捨不得刪減。但是，考慮整篇文章的平衡，嚴選適當的圖解，才是理想的做法。

具有錯讀耐受性嗎？

作者應該檢討自己的文章具有錯讀耐受性嗎？具有錯讀耐受性的文章是指，即便讀者產生一些理解錯誤，也能夠在閱讀文章的過程中注意到錯讀，並修正誤解。讀者或多或少都會錯讀，所以文章必須具有錯讀耐受性。

為了讓文章具有錯讀耐受性，需要加入一些延伸性。這跟符號理論中的錯誤偵測與錯誤修正類似。

下面舉個簡單的例子。

例子：不具延伸性的句子

a 是 b。

像下面這樣調整句子，能夠減少錯讀的可能性：

> **例子：具有延伸性的句子**
> a 不是 c 而是 b。

上述例子中，將「a 是 b。」延伸寫成「a 不是 c 而是 b。」可降低錯讀的可能性。

若想再進一步降低錯讀的可能性，也可如下另增加注意事項：

> **例子：增加注意事項的句子**
> a 是 b，但要注意 a 不是 c。

接下來再舉其他增加延伸性的例子。文章中，話題從 A 轉到 B 的地方，加入「話題 A 說到這邊，接著來講話題 B。」的**連接句**。透過這個連接句，讀者能夠知道話題由 A 轉換到 B。認真精讀的讀者，無論有沒有連接句，都會注意到話題已經由 A 轉換到 B。然而，糊塗的讀者可能在話題已經進入 B 時，卻還以為在講 A。若有連接句，縱使是糊塗的讀者，也能夠注意到話題的轉換。雖然連接句延長句子，但有助於增加錯讀耐受性。

增加延伸性，預防錯讀，是寫作正確且容易閱讀文章時的重點。但是，增加過多延伸性，反而會讓文章變得囉唆繁瑣，需要小心注意。因此，僅在錯讀會造成困擾的地

方、大多讀者都容易錯讀的地方，才稍微延伸敘述。想要像這樣調整延伸性，作者必須找出自己的文章中，哪邊是錯讀會造成困擾的地方、哪邊是讀者容易錯讀的地方。

適度增加延伸性的文章，讀起來行雲流水。讀者能夠確信自己是正確閱讀，繼續翻閱下去。這樣的文章不會讓人覺得是零碎字詞的集結，而是一個統整完全的有機體。

事實上，寫作文章時的技巧，大多屬於提升錯讀耐受性。例如下面這樣的技巧：

- 統整整篇文章使用的專有名詞加以。
- 讓圖例的說明文字，與文章中的文字一致。
- 同時舉出「成立的例子」與「不成立的例子」。

理所當然，不可以寫出刻意誘導讀者錯讀的文章。基本上，讀者是抱著「文章內容是正確的」想法閱讀，理解文章的內容，並一個個吸收後，繼續閱讀。若發現「其實這邊所寫的內容全是騙人的」，讀者會大感失望，對作者你產生不信任感。因此，作者不可寫出刻意誘導讀者錯讀的文章。

以上就是分量的平衡。

5.4　品質的平衡

接著，我們來談談品質的平衡（這句話也是連接句）。

作者應該縱觀整篇文章，調整品質的平衡，注意一篇文章中不可混雜剛寫好的草稿，與經過仔細推敲的內容。

文章有品質好壞之分，剛寫好的草稿粗糙、品質較低，經過好幾次的推敲改寫，品質才會有所提升。整體品質平均的文章，才是品質平衡良好的文章。

品質平衡不良的文章，不是我們所樂見的。文章品質良好的部分能夠順利閱讀，但遇到品質不良的部分，就突然變得不好閱讀。因此作者必須調整品質的平衡。

有效調整品質平衡的方法，有下面三個策略：

・讀遍每個角落（壓路機策略）
・改變觀點，反覆閱讀（階段性策略）
・仔細閱讀經過修正的地方（張弛策略）

接著，我們就依序討論這三個策略吧。

讀遍每個角落（壓路機策略）

仔細重讀能夠提高品質，而整篇文章**讀遍每個角落**，能夠統整品質的平衡。這就像是壓路機將凹凸不平的道路壓平一樣，將文章看成凹凸不平的道路，用壓路機壓平全

文，抱著這種心態重讀。在此稱為**壓路機策略**。

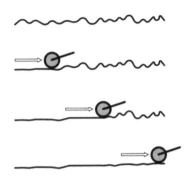

　　如果作者僅重讀文章的前面部分，就像僅壓平道路的前端，但道路的尾端仍舊凹凸不平。作者應該對閱讀整篇文章具有整體性。

　　若是難以一口氣讀完長篇文章，我們通常會分成好幾次閱讀。中斷的時候，務必標上「已經推敲到這邊」的記號，也就是壓路機已經壓到這邊，下次從這個記號開始繼續推敲。例如筆者會在原稿的電腦檔中，鍵入文字列"HERE"（這裡）來中斷推敲。下次開始推敲時，我會先搜尋文字列"HERE"，然後繼續閱讀。

　　註記壓路機壓到文章的哪邊，比較容易統整文章品質的平衡。

改變觀點反覆閱讀（階段性策略）

推敲是需要花費時間的作業，長篇文章在實行壓路機策略非常耗費時間，尤其想要一次壓到底時，推敲起來總是不怎麼順利。

此時，不妨改變每次閱讀的階段性，讓壓路機多壓幾次吧。例如，每次閱讀像下列這樣改變觀點：

- 集中閱讀錯字、漏字
- 集中閱讀專有名詞
- 集中閱讀圖表的參照說明
- 集中閱讀事實關係
- 集中閱讀主張的真偽
- 集中閱讀邏輯展開
- 集中閱讀標題

將上列各項稱為**階段**，則每個不同的階段可說是不同的壓路機。這就是**階段性策略**。

用農務來比喻，可說是經歷不同階段的農田作業，直到收穫，也就是播種整片農田→灌溉整片農田→收穫整片農田。

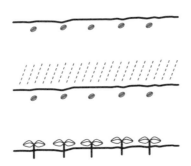

　　階段性策略的優點在於，每經歷一個階段，整篇文章會變得更容易閱讀，作者推敲的速率也會逐漸提升。

　　階段性策略在多人進行評論時，特別有效果。請對評論者表示「希望以什麼重點來閱讀」，選用適當的壓路機。關於讀者的**評論觀點**，會在第 6 章〈評論〉詳細討論。

　　書籍等長篇文章的情況，在進行階段性策略時，不妨製作表格以管理各章進行的階段，也是一個好辦法。

	第 1 章	第 2 章	第 3 章	第 4 章
誤字・掉字	√	√	√	√
用語	√	√		
圖表參照	√			
…				

仔細閱讀修正的地方（張弛策略）

　　壓路機策略、階段性策略，都是強調閱讀整篇文章，
但有的時候需要**張弛**一下，某些地方閱讀、某些地方不讀
會比較容易統整品質的平衡。在此稱為**張弛策略**。

　　假設文章有需要大量修正的地方。剛開始修正，修正
處的品質跟前後相比會顯得低落。所以，該處需要花更多
時間來重讀。重要的是，作者必須意識到大量修正之後，
修正部分的品質會變得低落。

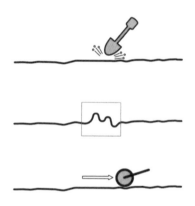

　　或者，在推敲的過程中，發現容易錯讀的地方、難以
理解的地方、重要的地方，這些地方亦需要投注較多的時
間重讀。此時，作者需要意識到應該特別提高這些部分的
品質。

　　換言之，作者必須掌握整篇文章，重點閱讀品質低落

的地方、應該特別提高品質的地方，這就是**張弛策略**。

5.5 　本章學到的事

這章中，學習到整篇文章的平衡。

「分量的平衡」討論的是：

・沒有遺漏的要素嗎？

・長度適當嗎？

・強調的地方恰當嗎？

・具有錯讀耐受性嗎？

然後，「品質的平衡」討論的是：

・讀遍每個角落（壓路機策略）

・改變觀點，反覆閱讀（階段性策略）

・仔細閱讀經過修正的地方（張弛策略）

作者必須縱觀整篇文章，注意在分量與品質上取得平衡。然而，一個人的力量有限，難免會漏掉問題。下一章中，我們將要討論藉助他人之力改善文章的「評論」。

第6章

評論

6.1　本章要學習什麼？

這章中會學習「評論」。

評論是，邀請其他值得信賴的人協助閱讀自己所寫的文章，藉此改善。

僅靠作者自己改善文章有其極限。讓值得信賴的其他人閱讀文章，獲得適當的回饋意見，可實現作者憑一己之力無法做到的改善。

但是，這並不是說，拿文章讓別人讀一讀就行了，有

效的評論需要注意幾個重點。

這章中，會以下列順序講解評論：

- 什麼是評論？
- 評論的委託
- 評論的實施
- 回饋意見的反映
- 面對評論的心態

有些專門（代筆）寫作文章的公司，會確實管理評論的方式、步驟。此時，請遵循相關的方式、步驟進行評論。

這章中，是以已經統整到某種程度的長篇文章，作者個人委託多位評論者閱讀為中心，進行討論。

6.2　什麼是評論？

評論者與回饋意見

這章所講的評論，是以下一系列過程：

- 委託值得信賴的其他人閱讀文章。
- 讓別人指出錯誤、不易閱讀的地方。
- 參考指出，改善文章。

幫忙閱讀文章的其他人，稱為**評論者**；而評論者指出

的問題，統稱為**回饋意見**。

因此，評論可說是這樣的過程：

- 讓評論者閱讀文章。
- 獲得評論者的回饋意見。
- 參考回饋意見，改善文章。

下面是圖示，作者將文章送交評論者，並獲得評論者回饋意見的情況。

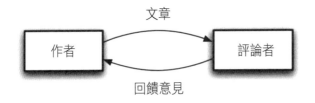

評論有各種不同形態。

將寫好的文章拿給旁邊的同事、同學：「拜託幫我看一下。」也屬於評論的一種。此時，同事、同學是評論者，「這邊我看不懂。」同事、同學的回覆就是回饋意見。

將論文草稿寄給指導教授閱讀，也是評論的一種。此時，指導教授是評論者，草稿上的紅字評語就是回饋意見。

評論的意義

作者重讀並改寫自己的文章,是推敲的基本。然而,作者憑藉個人力量,所能夠做到的改善有限。作者清楚理解自己所寫的內容,因此難以站在第一次接觸文章的讀者立場去閱讀文章。而且,作者自己一個人所擁有的知識有限,文章中可能混雜了作者的誤解。再者,對寫作文章的作者來說,其實難以判斷自己的文章是否容易閱讀。因此,委託評論者閱讀文章有重大意義。

不管有無委託別人評論,作者都需要自己推敲一番。然而,評論者的回饋意見,可讓作者以不同的觀點來改善文章。

順便一提,在「推敲」的典故中也出現過評論。中國唐朝賈島作詩,煩惱「僧推月下門」該用「推」還是「敲」,韓愈回答「敲」比較好。在這個典故中,對於賈島(作者),韓愈(評論者)便是給予了回饋意見。

評論目的

評論是為了改善文章,最大目的是要確認以下三點:

· 文章適合預設的讀者嗎?
· 文章的內容正確嗎?

‧文章容易閱讀嗎？

為了確認上述這些事項，委託其別人評論文章就顯得很重要。下一節就來說明這件事吧。

6.3　評論的委託

為了讓評論者閱讀文章，作者必須提出評論的委託。這節中，會討論委託時應該注意的地方。

評論者的人選

該委託誰來評論？換言之，**評論者的人選**很重要。考量到評論目的，會希望有下面三種類型的評論者：

‧近似讀者的人
‧專家
‧對文章敏銳的人

（1）近似讀者的人

文章適合預設的讀者嗎？確認這件事情是評論目的之一。如果文章與預設的讀者大有出入，即便文章寫得再好，預設的讀者也會無法接受。

例如，我們不樂見下面這樣的文章。

- 明明是初學者取向的文章，卻使用艱澀的專有名詞。
- 明明是專家取向的文章，卻出現適合初學者的解說。
- 使用讀者不易理解的例子和比喻。
- 未寫出讀者尋求的事項。

因此，選擇知識、理解力、年齡、經驗接近預設讀者的評論者，有助於改善文章。如果你所選的評論者覺得「不易閱讀」，實際讀者肯定也會覺得「不易閱讀」吧。相反的，如果評論者認為「非常清楚」，實際讀者也會認為「非常清楚」吧。

因此，作者應該委託近似讀者的人評論。

（2）專家

內容正確嗎？確認這件事是評論目的之一。

- 數值、數學式、專有名詞、年代等正確嗎？
- 證明正確嗎？
- 沒有違背事實嗎？
- 沒有邏輯上的破綻嗎？
- 全文有保持前後一貫嗎？

為此，對寫作內容具有專業知識的評論者，大有助益。作者能夠期待他們發現專業上的錯誤，標記不正確的地方，

指出欠缺什麼知識。這樣的評論者可對「文章的正確性」帶來貢獻。

因此，作者應該委託**專家**評論。

（3）**對文章敏銳的人**

文章容易閱讀嗎？確認這件事是評論目的之一。

- 沒有過長難讀的句子嗎？
- 沒有主詞不明的句子嗎？
- 沒有「文法錯誤的句子」嗎？
- 沒有意義不明的句子嗎？
- 沒有錯漏字嗎？
- 標題適當嗎？

即便評論者人選沒有寫作內容的相關知識，對文章表達敏銳的人也很有幫助。他們能夠發現上述的錯誤，幫助文章變得更容易閱讀。這樣的評論者可對「文章的易讀性」帶來貢獻。

因此，作者應該委託**對文章敏銳的人**評論。

近似讀者的人、專家、對文章敏銳的人等，能夠委推到這三種類型的評論者是好事，但未必一定需要備齊三種人，也可由其中一人擔任兩角色。

委託的時間點

沒有文章，評論者無法閱讀，作者需要準備好進行評論的文章。這是理所當然的事情。

然而，全部完稿才開始委託評論，有時可能會太晚。因此，作者必須預估下述時間，對照交稿期限的時間，訂立評論計畫。

- ・作者完成文章所需的時間
- ・評論者閱讀文章所需的時間
- ・作者將回饋意見反映到文章所需的時間

作者應該遵守評論計畫，提出評論的委託。

雖說如此，預估上述時間是非常困難的事。文章篇幅愈長，或者作者的經驗愈淺，建議要預留多一點時間，及早著手進行。

評論注意事項

委託評論時，不妨以**評論注意事項**的形式，向評論者傳達重要的資訊，盡可能具體統整下述項目：

- ・評論的文章是什麼樣的內容？
- ・刊登媒體為何？
- ・出版日期、作者的交稿期限

- 評論者回饋意見的期限
- 評論的開始日期、結束日期
- 預設的讀者是誰？
- 作者是誰？
- 文章的寄回方式
- 回饋意見的回覆方式
- 評論觀點（下節詳述）
- 具體的作業內容與步驟
- 評論專用網站的網址（若有則需提供）
- 評論專用郵寄名單的電郵地址（若有則需提供）
- 對評論者的感謝詞
- 著作權利關係的處理
- 關於文章的機密性
- 其他注意事項

　　若能在委託評論時，轉交整理內容的評論注意事項，評論者就可安心進行評論。另外，這樣做也有預防意外發生的用途。

　　在評論注意事項中，重點在於**確實向評論者傳達「評論要做哪些事情」**。評論經常會發生意外，但未必都能以「我不是故意的」形式收尾。因此，使用評論要點，釐清委託內容，是非常重要的事情。

評論專用的網站

　　評論者人數眾多時，事先準備專用的網站是不錯的方法。網頁能夠放置評論注意事點，也有助於將文章轉成 PDF 檔交給評論者。而且，即便是後來才加入的評論者，只要告知評論專用網站的網址即可。準備評論專用的網站，能夠適當地向評論者傳達資訊。

評論觀點

　　即便準備好文章、決定好評論者，單純傳達「請閱讀文章」，並不是有效的評論請求方式。作者需要告知評論者「評論觀點」。

　　評論觀點是指「閱讀文章時請注意哪些重點」等作者的想法。若能傳達評論觀點，評論者就不會漫無目的閱讀，而是抱有明確目的。

　　如同上一節所述，確認預設讀者、確認內容、確認文章，都是評論的基本，但常會有如下面進一步限制評論觀點的範圍：

- ・請集中找出錯漏字來閱讀
- ・請著重有無違背事實關係來閱讀
- ・請注意第〇章的品質重點閱讀

・請注意難易度來閱讀

即便限制了評論者的評論觀點，請不要試圖完全控制評論者的行動，在某種程度上讓他們自由閱讀吧。建議不要過於拘泥評論觀點，因為作者難以預測評論者會發現什麼樣的錯誤。

因此，作者必須向評論者傳達：

・請告知任何你注意到的地方

6.4　評論的實施

準備好文章，決定好評論者，交出評論注意事項後，終於開始實施評論。實施評論的流程如下所示：

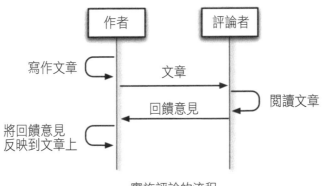

實施評論的流程

寄送文章

作者要將文章寄送給評論者。

文章的寄件單位，會因情況而不同。例如，有寄送整本書籍、論文的情況；內容過長時，也有以章為單位分批寄送給評論者的情況。會以什麼單位寄送文章，作者要提前在注意事項中告知評論者。

寄送文章時，需要說明評論的文章是全部還是一部分。另外，文章分批寄送時，需要說明本次寄送的部分，位於全部的哪個部分。分成多個檔案寄送時，需要說明各個檔案裡頭的內容。

這些是為了不讓評論者感到混亂、進行無謂的作業，能夠順利實施評論。

接受回饋意見

評論者閱讀送來的文章後，會回覆作者回饋意見。

作者接受評論者的回饋意見後，必須仔細閱讀。評論者為了改善文章，花費時間閱讀、回覆回饋意見，所以作者讀的時候必須心懷感恩。

回饋意見可如下分類管理：

・指出錯誤部分

- 指出難讀部分
- 疑問
- 補充資訊

　　對於**指出錯誤部分**，作者需要判斷是否真的是錯誤，檢討怎麼將指出的錯誤反映到文章上，再確認除了評論者指出的地方，其他地方有沒有相同的錯誤。

　　對於**難讀部分的指摘**，作者需要判斷是否真的難讀，檢討怎麼修改才會比較好讀。

　　各位可能會覺得我在嘮叨理所當然的事情，但這些都是非常重要的部分。對於評論者的指點，應該以不同的步驟處理：

- 判斷指出是否正確
- 檢討怎麼將指出反映到文章上

　　如果在此沒有謹慎處理，文章容易參雜評論者的回饋意見。

　　對於評論者的**疑問**，作者可適當與評論者溝通解決。即便不是指出「錯誤」，作者有時可從「評論者突然產生的疑問」發現重大的錯誤。

　　有的時候，作者會收到評論者的**補充資訊**「順便一提，還有這樣的事情喔」。評論者所給予的訊息，並不是全部

都要追加到文章裡頭。作者需要判斷該怎麼處理這些訊息。

6.5　回饋意見的反映

評論是為了改善文章的作業，所以怎麼將回饋意見反映到文章上，是很重要的事情。下面就來討論「反映回饋意見」的注意重點。

理性接受意見

作者必須理性接受評論者的回饋意見。

特地寫出「理性」，是因為自己的文章遭受別人指點，許多作者會「激動」反抗，簡單說就是「被指出錯誤而不高興」。你有這樣的情況嗎？

人們很難壓抑激動的反抗。然而，自己感到不高興的地方，正是作者自己難以察覺的部分，所以必須努力壓制反抗的念頭，理性接受回饋意見。

對評論者的指謫動怒，不是作者該有的態度。即便是評論者有錯讀、誤解的情形，造成這種情形發生，也是作者所寫的文章。所以，那個地方可能的確需要改善。

說到底，若作者期待評論者的回饋意見，都是對自己文章的讚美，那就不必評論了。

獲得指點是令人感謝的事情。比起文章傳播以後才遭

到指正「這個地方寫錯了！」在前置作業階段被指出錯誤再修正，會好上許多吧。

反映到文章上

　　收到評論者「這邊不好閱讀」「這邊寫錯了」等回饋意見時，作者容易想要「找藉口」「反駁」。

- 那邊本來就沒有把握……
- 我正想要改善那個地方……
- 時間不夠，我也沒辦法……
- 不對，那是評論者誤解了……
- 別人都沒有反應這個問題……
- 其實換個想法就說得通喔……

　　作者想要反駁的心情是可以理解的，想要消解評論者的誤解也不是壞事。

　　然而，重要的是，的確**有讀者會這麼閱讀**的事實。無論作者搬出什麼樣的藉口，無論怎麼消解評論者個人的誤解，只要文章沒有調整，還是可能會有其他讀者同樣覺得「這邊不好閱讀」「這邊寫錯了」。

　　因此，作者不要忘記將回饋意見反映到文章上。

反映是作者的責任

作者要負起責任，將回饋意見反映出來。換言之，收到評論者的回饋意見後，作者必須經過自己的判斷，再反映到文章上，切忌直接將回饋意見丟到文章裡頭。

「這是具有專業知識的評論者的指出。」作者不可盲目地反映回饋意見。即便評論者建議：「這樣修正會比較好喔。」作者也要理解為什麼這麼修正，視需要查閱參考文獻，僅在自己認同「的確，這樣修正會比較好」的情況下，才採納建議，修正文章。

評論者提出的指出、修正，是改善文章的重要契機和提示，但真正實際修正文章的還是作者本人。

作者比任何人更清楚瞭解文章的全貌，評論者多是針對眼前的局部內容指正。為了維持整篇文章的一貫性、保持平衡，需要的不是「評論者的修正」，而是「作者的修正」。

因此，「接受回饋意見」與「將回饋意見反映到文章上」是兩回事。理性接受評論者的回饋意見，作者本人再以此為契機修正文章，這樣才是健全評論的理想狀態。如同「實施評論的流程」圖示，將回饋意見反映到文章上，不是評論者的責任，是作者的責任。

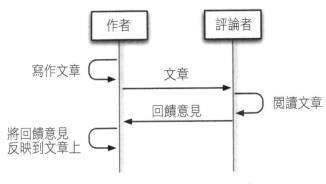

實施評論的流程（再寫一次）

完整呈現反映

作者理性接受回饋意見，在清楚理解指出內容的情況下，才反映到文章裡。此時，需要一些方法達到「完整呈現反映」。

評論者的回饋意見可能是以紙張回覆，也可能是以電郵、電腦檔案回覆。無論是哪一種，重點都是，作者必須確實管理哪些回饋意見尚未處理？哪些回饋意見已經處理？

以紙張來說，整理時可以裝入紙袋或活頁夾；以電郵、電腦檔案來說，可以移動到專用的收件匣、資料夾中。管理方式沒有硬性規定，重要的是確實整理，一旦有人問：「評論者的回饋意見在哪裡？」便能夠立即回答：「全部

統整在這裡。這邊是尚未處理的，那邊是已經處理的。」
這樣整理也有助於作者評估「反映回饋意見所需的時間」。

6.6　面對評論的心態

　　為了統整本章關於評論的探討，這節來講作者處理評論時應有的心態。

評論不是共同執筆

　　評論不是共同執筆，評論者不會自動變成共同著作人。

　　執筆文章的人到底只有作者，評論者僅是針對文章指正。作者為主，評論者為從。

　　因此，作者不可將評論者「當成靠山」，切忌過度倚賴評論者。

信賴關係很重要

　　雖然聽起來是陳腔濫調，但作者與評論者之間的**信賴關係很重要**。

　　讓評論者閱讀文章，相當於作者將自身弱點暴露於評論者面前。若是評論者能夠理解作者想要改善文章的心情，作者亦能夠虛心接受評論者指正、誠心面對，評論這項作

業就具有重大意義。然而，如果作者與評論者之間沒有信賴關係，溝通意見有些出入，很快就會演變成嚴重問題。

　　建議作者在挑選評論者時，選擇能夠相互建立信賴關係的人。

　　另外，作者可以謝辭的形式，在文章中提及評論者的姓名，以表達感謝之意。

謹記謙虛的態度

　　前面曾提過，要理性接受回饋的意見。進一步來說，對於評論者的回饋意見，作者要謹記「謙虛的態度」。

　　對於評論者指正的部分，作者必須意識到「可能有什麼問題」，再次細心重讀。評論者未必能夠精準指出錯誤和難讀的地方，有問題的地方可能隱藏在評論者指正部分的前後。

　　若是作者以輕視的態度看待評論者的指正，可能會漏掉「指正前後段落的問題」。因此，對於回饋意見，作者要謹記「謙虛的態度」。

　　當然，評論者的指正也可能出錯，或者單純誤解內容。「這個指正不能反映到文章上。」此時作者只需如此判斷即可。

不畏懼失敗和羞恥

讓別人評論自己的文章，對於沒有經驗的人可能會覺得有些畏懼。

此時，作者容易心想：「等到提高完成度後，再讓別人評論吧。」這樣的心情我們能夠體會，作者努力提高完成度絕非壞事。然而，過於追求完成度，可能會來不及評論而失敗。評論是為了改善文章的作業。如果作者一個人能夠提高完成度到不需評論者指正的程度，應該打從一開始就不會安排評論這項作業吧。

因此，建議作者的著作完成到某種程度後，就不要畏懼失敗和羞恥，讓值得信賴的人閱讀文章。比起擔心自己的自尊心受傷害，作者更應該擔心讀者讀到品質不良的文章。

6.7　本章學到的事

這章中，學習到評論。

若能實施有效的評論，便可實現作者憑藉一己之力無法做到的文章改善。讓值得信賴的人閱讀文章，確實接受回饋意見並反映到文章上，可大幅減少讀者的迷惑。

下一章，我們要學習「推敲的訣竅」。

第 7 章

推敲的訣竅

7.1　本章要學習什麼？

這章中要討論推敲的訣竅。

推敲是需要注意各種細節的繁瑣作業，但並不是埋頭苦幹就行了。本章會針對下述三點，講解文章推敲的各種訣竅。

・時間的管理
・有效率的推敲
・多樣化推敲

7.2　時間的管理

作者必須管理時間。作者能夠用來推敲的時間有限，確實管理時間，才能有效推敲文章。

掌握總時間

管理推敲時間的第一步是**掌握總時間**，也就是思考自己現在正在進行的文章推敲，需要運用多少時間。考量自己的預定計畫，掌握能夠運用的時間有幾小時、幾天、幾週。

若確實有心想好好推敲文章，可以投注大量時間。投注的時間愈多，愈能發現錯誤，提升文章品質。然而，如果時間不夠，品質可能未達標準。遇到這種情況，作者可延後交稿期限，或尋求別人幫忙等。

未能掌握自己能夠運用的總時間，直接埋頭苦幹不是件好事，因為有可能推敲到一半，時間就用完了。交稿期限眼看就快到了，實在難以祭出對策，所以及早掌握總時間很重要。

完整時間與零碎時間

管理時間時，不僅要注意總時間，還要掌握自己能夠

用來推敲的是**完整時間**還是**零碎時間**。例如，即便僅投注 1 個小時的時間，若是不用擔心被別人打斷的完整時間，便能有效率地推敲。而即便可以投注好幾天的時間，若都是零碎時間，效率可能不甚理想。

建議作者要好好計畫與安排推敲的時間，再開始作業。攸關整篇文章的**整體作業**，請分配完整的時間再來處理。整體作業的影響範圍廣乏，需要完整的時間，靜下心來處理。例如，需要統整文章整體的字詞、章節單位等，此時若能運用完整的時間，疏失會比較少。先縱觀整篇文章，決定修正方針，再開始進行修正吧。

與此相對，僅就文章一部分相關的**局部作業**，則可分配零碎的時間來處理。例如，修正各個句子中的冗詞和錯字，不妨運用零碎時間來處理。

在此建議，能夠取得完整的時間，處理整體作業；僅能取得零碎時間，則處理局部作業。

遵守交稿期限

作者必須遵守交稿期限。交稿期限是指提交文章作品的期限。書籍要提交給編輯部，論文要提交給指導教授，論文期刊、報告要提交給老師或主管，規定的提交日期就是交稿期限。寫給別人閱讀的文章，大多都有交稿期限。

　　作者不可輕忽交稿期限。交稿期限的英文為 "dead-line"（死線），是個聽起來可怕的詞。經常聽見有人誇下海口：「等到交稿期限再動筆就行啦。」或者不屑一顧：「反正編輯給的交稿期限，本來就有算遲交的時間。」但是，我們不可以效法這些人。在交稿期限內交稿，是身為作者理所當然的事情。作者必須有自覺，趕不上交稿期限，可謂攸關自身信譽的嚴重問題。

　　因此，請在真正交稿期限之前，另外訂定**自己的交稿期限**，以此為目標來執筆、推敲文章。在自己的交稿期限到來時，先完成**保險版本**是不錯的做法。保險版本是指，「現階段可以直接提交」的版本。將保險版本保管在安全的場所，便不再進行修正。製作保險版本，是為了預防真正交稿期限前可能發生的意外。過了「自己的交稿期限」後，作者會在「真正的交稿期限」來臨前，進一步推敲，過程中可能發生電腦壞掉，或者不小心誤刪檔案的情況。即便發生這樣的事態，只要有保險版本，仍然能遵守真正的交稿期限。

7.3　有效率的推敲

　　無論如何管理時間，時間都是有限的。作者應該避免

浪費時間，進行**有效率的推敲**。為此，思考怎麼活用自己的勞力在推敲上，是很重要的事。

製作專有名詞集

作者應該製作專有名詞集。寫作說明文時，使用什麼樣的專有名詞非常重要。一篇說明文會出現大量的專有名詞，一面推敲文章，一面猶豫「哪個專有名詞才適當呢？」這種方式不太好。製作專有名詞集，有助於明確化「現在是用這類專有名詞在寫作文章」。

事先製作專有名詞集，對評論者閱讀文章也能帶來幫助。同時轉交文章與專有名詞集，有助評論者檢查兩者有無出入。

製作**索引**也是不錯的方法。因為製作索引的同時，也就等於在製作專有名詞集。

檢索文章

推敲修正文章某部分時，其他地方可能也需要作同樣的修正。**作者應該檢索文章**，找出所有相同的錯誤。例如，想將錯誤的「租合」修正為「組合」時，須在整篇文章中檢索「租合」作修正。根據修正內容的不同，有時能夠使用自動全部取代的功能。

自己使用的文書軟體，具備什麼樣的檢索、取代功能，作者平時就要清楚。

另外，文書軟體可能內建校閱功能。校閱功能是指尋找過長句子、表記偏差、不適當字詞等功能。請確認文書軟體具備什麼樣的功能，善加利用有助於文章推敲的工具。

找出自己的文字癖

作者應該找出自己的文字癖。推敲自己的文章時，會發現做過好幾次相同的修正；讓指導教授檢查文章的人，會發現收到好幾次相同的指正。這些就是「自己的文字癖」。

自己的文章對自己來說最自然，我們很難改掉癖好。所以，作者應該有意識地找出寫作文章時的癖好，努力改善不良癖好。不斷修正同類型的錯誤會浪費時間，事先找出自己的文字癖，有助提升作業效率。

舉例來說，我平常習慣說「啦」。「這是 α 啦、β 啦」列舉時我會這樣表示，平時談話不會覺得奇怪，但文章寫作時則會顯得不太專業。將「α 啦 β 啦」寫成「α、β 等」會比較好。這是我自己被編輯多次指正才改掉的癖好。

事先準備自己會無意中使用的**需要注意字詞一覽表**，對於檢索文章修正是不錯的方法。例如，我會檢索「之類的」「大概」等字詞，覺得不適當就會刪除。

管理檔案

使用電腦寫作文章時，**管理檔案**很重要。若是一不小心誤刪檔案或電腦壞掉，會將作者在執筆、推敲上付出的心力瞬間化為烏有，造成預定計畫大亂。世界上再沒有比這更徒勞的事了。

作者應該定期**備份檔案**。具體來說，作者要將檔案從自己正在使用的電腦，複製保存到外部裝置。在同一部電腦複製檔案沒有什麼意義，因為電腦壞掉的時候，備份檔案也會跟著消失。

「我才不會誤刪檔案」「電腦沒有那麼容易壞掉」這些樂觀的想法很危險。需要間隔多久備份檔案，則視情況而定，不過作為參考指導方針，可以問自己：

若現在這個檔案不見，我會有多困擾？

使用**版本管理**的軟體或服務，也是一種方法。執行檔案的版本管理後，作者可確認自己前面做過哪些修正。

有些寫作軟體有內建版本管理的功能，市面上另有其他販售獨立的版本管理軟體，一些網站也有提供此項服務，請視自己的執筆寫作風格，一一加以了解利用吧。筆者管理自己的原稿，是使用版本管理軟體 Git。

撰寫工作日誌

　　進行執筆、推敲工作時，**撰寫工作日誌**是不錯的做法。
工作日誌是指自己進行了哪些作業項目的記錄。簡單來說，
可以自由的形式記錄下列內容：

・日期
・作業時刻
・作業時間
・注意事項

　　「注意事項」是指在執筆、推敲的工作中，發現所有
可能影響後續作業的事。例如，下面這些事：

・完成的作業
・剩餘的作業
・自己的文字癖
・預估的作業量
・妥當性
・預定計畫變更
・需要另外調查的事情

　　工作日誌的最大目的是，將過去的經驗活用於現在，
將現在的經驗活用於未來。

開始今天的工作之前，大致看一下昨天的工作日誌。如此一來，作者能夠想起剩餘的工作，回顧應該改善的重點。這就是「將過去的經驗活用於現在」。

結束今天的工作之前，更新工作日誌。如此一來，作者能夠記錄今天來不及完成的工作、需要另外調查的事情等。這就是「將現在的經驗活用於未來」。

執筆、推敲有時需要長時間投入，也有可能工作需要暫時中斷。此時，工作日誌能夠帶來非常大的幫助。

7.4　多樣化推敲

即便掌握時間，沒有浪費時間，但持續相同單調的推敲方式，效果卻可能不彰。作者可運用不同的閱讀方式，進行**多樣化推敲**。

閱讀時唸出聲音

看著自己所寫的文章時，**閱讀唸出聲音**吧。比起只用眼睛看，閱讀時唸出聲音比較容易發現錯字、漏字、文法錯誤的句子、語順不適當的句子、重覆相同的句子結構等。

不過，因為音讀需要消耗時間、體力，僅在重點處唸出來也是一種方法。近來，自動朗讀文章的軟體變得容易操作，作者不妨運用這類軟體。

閱讀時切換螢幕與紙張

在電腦螢幕畫面與紙張之間來回切換，閱讀文章，就是**閱讀時切換螢幕與紙張**。

在螢幕上閱讀的優點有：節省列印紙張和時間、可立即修正不通順的地方等。另外，能夠用電腦檢查專有名詞和用字，也是其魅力所在。

而在紙張上閱讀，容易將自己的心情抽離電腦，從作者的立場切換到讀者的立場。根據筆者的經驗，在電腦螢幕上不易發現的疏失，切換到紙張閱讀後，經常能夠馬上找出來。因此，即便能夠很快在螢幕上快速閱讀的短篇文章，也建議列印成紙張，最後確認一次。

筆者自己偶爾會將列印出來的紙張，按照順序放在乾淨的地板上。這樣做能夠俯瞰文章，方便確認整體架構。

雖然先在紙張上檢查在意的地方，再到檔案中進行修正，或許給人一件事做兩遍的重覆感覺。不過，實際上未必如此。原先認為錯誤要馬上修正的地方，常會在向下繼續閱讀時，才發現那不是錯誤。這是在推敲的最終階段經常發生的情況。此時，紙上作業能夠減少混亂。

在螢幕上推敲的時候，建議使用大螢幕或者多個螢幕，大範圍觀看比較容易發現文章的疏失。

相反地，刻意使用小畫面的電子機器閱讀，有助於發現意想不到的錯誤、難讀的部分。由於讀者未必是使用大螢幕閱讀，除了確實推敲文章本身，作者也應該注意讀者實際上是以什麼介面來閱讀。

改變閱讀場所

改變閱讀場所是有效的推敲方法。換言之，就是帶著筆記型電腦、列印出來的紙張，到跟平常不同的場所進行推敲作業。光是走到跟平常不同的房間，就能夠轉換心情，以不一樣的觀點閱讀，有的時候可發現意想不到的錯誤。因此除了改變房間，不妨換個環境，出門到其他地方推敲。

外出推敲文章時，需要注意自己的保密義務。在電車、咖啡店等意想不到的地方有著別人的眼睛、監視攝影機，還有失竊、忘記帶走的危險性。請注意自己正在推敲的文章性質，充分考慮這些問題。

在疲勞的時候閱讀

推敲屬於知識性的勞動，是會讓人感到疲勞的工作。尤其想要寫作正確且容易閱讀的文章，需要投注許多心力，因此在不感到疲勞的情況下進行推敲，是很重要的事情。若覺得睏到不行，先好好睡一覺再開始作業吧。

　　不過，也有另一種方法反其道而行──**在疲勞的時候閱讀**。在疲勞狀態，腦筋無法接收難懂的文章。換言之，在疲勞狀態下閱讀會比較找得出不容易閱讀的內容。在疲勞的時候閱讀文章，將覺得有點「不好理解」的部分標上記號，之後（當然，要在不感到疲勞的時候）再加強改善標上記號的地方。

　　關於標上記號，在前面第 2 章講解過。

隨機翻頁閱讀

　　作為奇特的推敲方法，還有一種是**隨機翻頁閱讀**的方法。推敲文章時，一般都會從頭開始，按照順序閱讀，而隨機翻頁閱讀是，突然從文章中某些地方開始閱讀。例如，推敲一篇共 100 頁的作品時，隨機抽出第 30 頁和第 60 頁，就這兩頁開始仔細閱讀。

　　這種方法在推敲長篇文章時特別有效。以這種方法閱讀，有時能夠發現從頭按照順序閱讀時，沒有注意到的錯誤和難讀的地方。

　　另外，這個方法對已經充分推敲的文章也有效果。明明應該已經充分推敲，但隨機翻頁卻發現錯字、漏字等錯誤，表示整篇文章的品質並沒有想像中的高。換言之，「隨機翻頁閱讀」的方法，就是隨機抽樣、檢查自己的文章。

請各位一併運用第 5 章提及的「讀遍每個角落（壓路機策略）」。

7.5 本章學到的事

這章中以下列三點討論推敲的訣竅。

- 時間的管理
- 有效率的推敲
- 多樣化推敲

為了讓讀者閱讀高品質的文章，作者必須確實掌握自己的時間，運用有限的時間，有效率地改善文章。另外，為了在推敲時不陷入單調枯燥，想辦法採取多樣化讀法吧。

在前面幾章，我們學習到怎樣推敲文章。不過，推敲應該進行到什麼程度呢？下一章中，我們要來思考「結束推敲的時機」。

第 8 章

結束推敲的時機

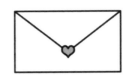

8.1　本章要學習什麼？

　　文章不可能永遠一直推敲下去，在某個時間點必須結束推敲、提交稿件。推敲過多的時間令人掛心，但也不可沒有充分推敲就結束。因此，作者必須能夠認識結束推敲的時間點。這章中，會以下列順序，討論結束推敲的時機。

· 想要結束推敲的心態
· 不想結束推敲的心態
· 結束推敲的時間點
· 交稿前的最終確認
· 訂正

8.2　想要結束推敲的心態

推敲需要投注許多心力，讓人忍不住想：「推敲就做到這邊吧。」也就是陷入想要結束推敲的心態。

然而，作者必須注意，不可在沒有充分推敲的狀態下結束。如果作者稍微偷懶，結果可能會造成讀者在閱讀上需要花費不必要的時間，相對浪費讀者的時間。作者是一個人，但讀者卻是多數人，充分推敲，能夠預防好幾倍的時間浪費。

「推敲就做到這邊吧。」你想這麼說時，請確認以下幾點：

- 這是已確定文章品質的判斷嗎？
- 是否具備與內容相符的易讀性？
- 最後有再全部通讀一遍嗎？
- 是否認為隨時都還能再修正呢？

接著，就來按照順序說明吧。

這是已確定文章品質的判斷嗎？

當作者感到疲倦，無論文章的品質如何，都會想要結束推敲的工作。然而，讀者的理解取決於文章的品質，跟作者疲不疲倦沒有關係。因此，不要在疲倦的時候決定結

束推敲,而是在精神好的時候,**確定了文章的品質再來判斷**吧。

　　作者只要投注心力,推敲文章的品質通常都會提升。然而,交到讀者手上的不是作者的勞力,而是完成的作品。因此,作者不應該認為:「因為我已經努力過了,所以結束推敲。」而應該判斷:「因為文章已經修改得十分正確且容易閱讀了,所以結束推敲。」

是否具備與內容相符的易讀性?

　　作者會傾向認為自己所寫的文章內容很重要,覺得:「這麼重要的內容,即便文章有些雜亂,讀者肯定也會好好讀完。」於是決定:「推敲就做到這邊吧。」然而,這其實是個誤解。如果內容很重要,則必須以**具備與內容相符的易讀性**為目標。因為作者肩負責任,必須將重要內容確實傳達給讀者。

　　當讀者閱讀到未經充分推敲的文章,會覺得:「作者並不覺得這篇文章所寫的內容有多麼重要。」因此,如果作者想要向讀者傳達重要的內容,必須能夠寫出符合內容重要性的文章。

最後有再全部通讀一遍嗎？

修正了文章各部分後，會產生「已經修正這麼多了，應該可以結束了吧」的想法。然而，這是很冒險的情況。因為剛修正的地方品質不良，不可以剛修正完就馬上結束推敲。作者必須**最後再整篇通讀一遍**才行，否則讀者有可能讀到品質不良的文章。請各位回想第 5 章提及的壓路機策略。

修正才能改善文章，所以修正絕非壞事。然而，對讀者來說，重要的不是作者做了多少修正，而是最後完成的文章品質。因此，最後再全部通讀一遍，確認品質，是很重要的事情。

是否認為隨時都還能再修正呢？

近來，文章多以網頁的形式呈現給讀者閱讀。跟文章列印成紙張的情況不同，網路文章即便有錯誤也方便修正，因此容易產生印象：「**隨時都還能再修正，所以就做到這邊吧。**」然而，鬆懈是最大的敵人。即便真的隨時都還能再修正，也不可以忘記，在修正錯誤之前，會有人讀到修正前錯誤的文章。文章明知有錯誤卻刊登，不是作者該具備的誠實態度。

上面討論的是，作者心裡產生「推敲就做到這邊吧」時，應該確認的要點。請注意，這些要點都是站在讀者立場，避免讀者讀到推敲不充分的文章。換言之，在判斷是否結束推敲時，作者也必須遵從「為讀者設想」的原則。

8.3　不想結束推敲的心態

作者相對還可能陷入跟前一節完全相反的心態，也就是不想結束推敲的心態。這是認為：「自己所寫的文章尚未完成，仍有改善的餘地。所以，推敲還不能就這樣結束。」

乍看之下，會覺得這種心態是「我要改善文章」的良好態度。然而，實際上沒有那麼單純。不想結束推敲的想法，不是來自「我要改善文章」的積極態度，而是來自「害怕完成文章」的消極態度。

除了評論者的指正，在結束推敲、將稿件交給下一階段的負責人之前，文章的內容不會遭受任何批判。即便受到批判，也可解釋：「因為我還在進行推敲。」然而，提交文章後，批判就有可能隨之而來，沒辦法以還在推敲作為藉口。

害怕受到批判而不想要結束推敲，是糟糕的心態。

作者不可能永遠推敲下去，必須在某個時間點結束推敲、提交文章。雖持續推敲下去或許可避免批判，但這樣

永遠都無法完成作品。

　　這裡來分享一個我個人的經驗。

　　筆者第一次執筆撰寫書籍時，陷入「不想結束推敲的心態」。不斷反覆推敲，試圖提高文章的完成度，結果一直沒有將原稿寄給編輯部。

　　推敲的過程中，我認為自己是在做對的事情。因為我是在為讀者設想，進行提高文章品質的作業。

　　然而，後來想想，這只是我自以為是的行為。不斷反覆推敲的真正理由是，害怕自己的文章遭受批判。

　　筆者後來接受編輯的建議，才從恐懼中逃脫出來，終於將原稿寄送出去。

　　交出品質不良的文章給讀者，是不好的事情；但不將品質夠好的文章交給讀者，是更加不好的事情。

8.4　結束推敲的時間點

　　那麼，我們來思考怎樣決定結束推敲的時間點？

　　一般來說，投注愈多時間，愈能找出錯誤；投注愈多時間，愈能改善難讀的文章。換言之，只要花時間推敲，就能提升文章品質。

　　另一方面，隨著推敲投注的時間愈多，發現錯誤的次數、難讀的部分會逐漸減少。這表示，相對於投注的時間，

能夠改善的地方愈來愈少。

結束推敲的時間點，有幾個指標徵兆：

- 閱讀時覺得「不通順」的情況減少時
- 「修正又改回去」的情況增加時
- 添加標題卻偏離主題的情況增加時

接著，按照順序說明。

閱讀時覺得「不通順」的情況減少時

推敲時，作者會反覆閱讀文章。如果推敲得不夠充分，閱讀途中會覺得「不通順」。「不通順」是指因使用的字詞、所寫的事實、邏輯的推演等有誤，而難以集中注意力在內容上的意思。

然而，在接近結束推敲的時間點，覺得「不通順」的情況會變少，能夠順暢閱讀，集中注意力在內容上。**閱讀時覺得不通順的情況變少**，可作為結束推敲的時間點指標。讀者在閱讀時，很有可能也一樣，不會覺得有不通順的地方。

「修正又改回去」的情況增加時

推敲時，作者會不斷修正，讓文章變得更好。閱讀、修正、再閱讀、……像這樣反覆下去，比較修正前後的文

章，確認改善過的地方。

　　然而，在接近結束推敲的時間點，繼續重讀修正後的
文章，會發現不太需要改善，因此經常碰到「感覺修正前
的文章比較好，不如改回去吧」的情況。「修正又改回去」
的情況增加，可作為結束推敲的時間點指標。「稍微修正
不僅沒有改善，甚至變得更差」，這正是文章的品質至少
已部分達到最佳狀態的證據。

欲添加內容卻偏離主題的情況增加時

　　推敲時，作者有時會想要添加內容。補充文章不足的
內容，能夠提升文章的品質，減少讀者的不滿：「為什麼
沒有寫這部分呢？」

　　然而，在接近結束推敲的時間點，添加內容卻偏離主
題的情況增加。應該網羅的內容全部都寫進去了，所以其
他想到的盡是偏離文章主題的內容。「這部分也添加進去
吧……不行，這不是應該寫進去的內容」當這種情況變多，
或許就是接近結束推敲的時間點。

　　以上，講述了幾個結束推敲的時間點指標。不過，這
些畢竟只是參考指標，不是直接套用的鐵則。請作者自行
思考有多少時間推敲、文章的重要性以及讀者的人數等，
綜合判斷結束推敲的時間點。

8.5　交稿前的最終確認

判斷結束推敲的時間點已經到來，此時，作者需要進行交稿前的最終確認。

重置腦袋、通讀一遍

進行最終確認之前，作者必須**重置腦袋**，暫時完全忘掉這是自己執筆、自己推敲的文章。當然，實際上不可能完全忘掉，但作者得抱著「忘掉吧」的想法，轉換成「我不曉得現在要讀的文章在寫什麼，一切都要靠閱讀裡頭的內容來理解」的想法。然後，脫掉作者的帽子，戴上讀者的帽子，**通讀一遍**。

讀遍每個角落

最終確認時，作者必須抱持**讀遍每個角落**的動力。從標題、作者名到日期等，文章裡頭所寫的內容，全部都要確認，一個圖表、數學式都不能放過。作者也要確認所有圖表的解說文字與本文的對應關係必須一致，也就是確認整篇文章是否完全一致。

檢查重要項目

最終確認時，作者要特別**檢查重要項目**。

重要項目是指若是寫錯會讓整篇文章失去意義的項目，例如列出的數學式、常數值、結論等。因為關乎到文章本身的存在意義，檢查再多次也不為過。

指示讀者行動的部分也是重要項目，所以作者必須檢查這個部分。文章的錯誤可能會演變成重大意外，作者應該小心注意。例如，服用藥物的名稱、用量若有失誤會如何？請各位想像一下。

推敲時，我們有時會傾向只注意到小錯誤，卻忽略了大錯誤。

大錯誤的例子有標題、作者名、日期的錯誤，尤其直接套用過去所使用的文章樣式，多會造成這樣的大錯誤，必須小心注意。

在大錯誤中，有時甚至出現主張完全顛倒的情況，例如將「○○成立」寫成「○○不成立」。雖然閱讀整篇文章馬上就能夠察覺這樣的疏失，但這可能會讓讀者產生不信任感：「這篇文章有經過檢查訂正嗎？」

8.6 訂正

人都會犯錯，無論多麼仔細推敲，無論有多少人協助

進行評論，都沒辦法斷言文章「絕對沒有錯誤」。令人遺憾的是，文章交到讀者手上才發現錯誤，這樣的情況必定會發生。

接著，我們來討論發現錯誤後的訂正。

訂正的方法

根據不同文章，訂正方法會不一樣。

若是書籍，可在出版社、作者網頁刊登**勘誤表**，有時會列印出勘誤表附於書中。一般會等到書籍再版的時候，再將訂正反映到本文中。

勘誤表的例子

第 1 刷：p. 031：下方算起第 6 行

　　誤：無顏以對

　　正：無言以對

第 1 刷：p. 114：第 3 行

　　誤：秤作

　　正：稱作

第 2 刷：p. 032：下方算起第 9 行與第 10 行

　　誤：光速 c

　　正：（刪除）

若是雜誌等定期刊物，會在發現錯誤以後，在下一期刊登訂正啟事。

若是網頁，訂正錯誤比紙張印刷物容易。因為網頁可更新，提供讀者最新版的文章。但是，有一點需要注意：訂正錯誤可以不留下紀錄嗎？在討論社會上重要議題的網頁，稍微有些誤差就會產生深刻印象的網頁，請提出「何時、何處、如何修正」的修正紀錄會比較好。

不可隱瞞錯誤

訂正錯誤，是為了改正已經交給讀者的錯誤資訊，所以要明確記錄，哪個版本的哪個地方，有什麼樣的錯誤。

在每個錯誤的地方，「正」與「誤」對照是不錯的方法，但根據錯誤內容、分量的不同，有時將部分文章一起統整訂正的方式，會比較容易理解。另外，一般來說，作者不必寫出文章發生錯誤的原因或理由。

有些作者可能會不太想承認自己的錯誤，但為讀者設想，請採取適當的應對。隱瞞自己的錯誤不是明智的做法，尤其數學式的錯誤、常數值的錯誤等，應該確實訂正。

關於如何訂正發現的錯誤，作者的判斷也應該遵守「為讀者設想」的原則。

8.7 本章學到的事

這章中學習到了「結束推敲的時機」。

作者應該根據文章的品質,決定結束推敲的時間點,確實進行最終確認,再提交文章。若期望自己想表達的事情能確實傳達給讀者,就要辛苦推敲。

下一章中,我們會以「推敲的檢查清單」回顧本書學到的事。

第 9 章

推敲的檢查清單

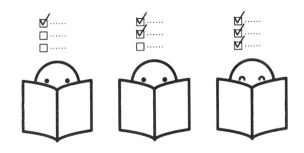

9.1　本章要學習什麼？

本書《數學文章寫作　推敲篇》邁入最終章。

這章中，會回顧從第 1 章到第 8 章學到的事，並統一整理為「推敲的檢查清單」，以便各位在實際推敲時，能活用本書所學的內容。

9.2　推敲的檢查清單

推敲是作者對於自己的文章進行的實際作業，也就是多次閱讀自己的文章，反覆修正的具體行為。人非萬能，

在進行寫作和推敲時，很難回想起本書所學的全部內容。雖說如此，每次檢查修正都取出本書，從頭開始閱讀，也非實際可行的辦法。

因此，在本章會以「**推敲的檢查清單**」形式，簡潔統整本書所學的內容。讀完本書的讀者，只需重讀本章「推敲的檢查清單」，就能有效率地回想起本書所學的內容。請好好善加利用。

「推敲的檢查清單」各條項目，是以確認方格（□）接續「對你的提問」形式。閱讀各項目時，試著在心中回答提問吧。另外，清單中有刻意重複幾條重要的項目。

除了重讀下面「推敲的檢查清單」，還建議作者能參考此清單，製作「**自己專用的檢查清單**」。因為每位作者都有自己的文字癖和容易犯下的疏失。

實際上，製作「自己專用的檢查清單」，也是一種寫作正確且容易閱讀文章的練習。因為製作「自己專用的檢查清單」，需要客觀審視自己的文章寫作，培養執筆、推敲的自我覺察態度。

第 1 章〈讀者的迷惑〉

在第 1 章〈讀者的迷惑〉，學習到你的讀者是會「迷惑」的存在。作者需要將概念化為**正確**的**積木**交給讀者，

因為讀者僅能仰賴作者給予的文字，去建構概念。再來，作者必須鋪設沒有岔路的單行道，否則讀者讀的時候容易迷路。

☐ 有交給讀者正確的積木嗎？

☐ 有為讀者鋪設沒有岔路的單行道嗎？

☐ 有統一用字嗎？

☐ 有過長的句子嗎？

☐ 有說明不充分的地方嗎？

☐ 有硬是用文字說明圖表可簡單呈現的概念嗎？

☐ 有不必要的文字嗎？

☐ 指示詞的代指明確嗎？

第 2 章〈推敲的基本〉

在第 2 章〈推敲的基本〉，學習到推敲文章的基本技巧。首先，作者必須**重讀理解**自己所寫的文章，接著在所寫事物與文章之間**尋找偏離**，重新改寫以減少偏離的情況，最後抱持作者該有的自覺反覆推敲、琢磨文章。

☐ 重讀時有戴上**讀者的帽子**嗎？

☐ 重讀時有拿起書寫文具嗎？

☐ 有尋找**偏離所寫事物**的內容嗎？

☐ 有抱持文章的**完成形象**嗎？

□有刪減不必要的內容嗎？

□有補充必要的內容嗎？

□有企圖矇騙讀者嗎？

□有反覆閱讀嗎？

□有改變不同觀點來閱讀嗎？

□有間隔一段時間來閱讀嗎？

□有抱持作者該有的自覺與責任嗎？

第 3 章〈字詞〉

在第 3 章〈字詞〉，學習到支持文章基礎的基本要素──字詞。作者必須注意使用的字詞，斟酌選用字詞的同時，必須進一步檢討有沒有更適合的字詞。作者也應該注意字詞是否為專有名詞。這都是為了減少讀者的迷惑。

□有使用讀者能夠理解的字詞嗎？

□有檢討沒有其他更適合的字詞嗎？

□有區別**專有名詞**與一般字詞嗎？

□有適當使用專有名詞嗎？

□有根據需要明確表達字詞的**定義**嗎？

□有注意下定義時的詞性嗎？

□有不當使用**造詞**嗎？

□有「無意中使用的字詞」嗎？

「基本上」「在某種意義上」「真的」「絕對」「必
須」等。

□有確認指示詞代指什麼嗎？

第 4 章〈句子的推敲〉

在第 4 章〈句子的推敲〉，學習到句子會如何遭到誤
解，以及該如何改寫容易受到誤解的句子，才能夠正確傳
達意思。

□有過長的句子嗎？

□有容易誤解的**複文**嗎？

□逗號的位置、語順適當嗎？

□有不必要的字詞嗎？

□有重複多個「的」的句子嗎？

□有拐彎抹角的「能夠做到」嗎？

□多個概念的**對應關係**明確嗎？

□有適當使用「分別」嗎？

□有「言外之意」容易誤解的句子嗎？

□有寫出「A 的情況」與「A 以外的情況」嗎？

□有勉強用文字說明複雜的概念嗎？

□比較的對象明確嗎？

□比較的標準明確嗎？

□有避免**雙重否定**嗎？

□有注意句中「**很**」的位置嗎？

□有注意句中「**僅有**」的位置嗎？

第5章〈整篇文章的平衡〉

在第5章〈整篇文章的平衡〉，學習到以整體觀點重讀文章，調整質與量的平衡。

□在整篇文章中，有遺漏的要素嗎？

□讀者期望的要素，全都有寫出來嗎？

□各要素的篇幅長短、強調的地方恰當嗎？

□文章具有**錯讀耐受性**嗎？

□有適當增加**延伸性**避免錯讀嗎？

□沒有品質好壞混雜的部分嗎？

□有讀遍每個角落（**壓路機策略**）嗎？

□有改變觀點、反覆閱讀（**階段性策略**）嗎？

□有仔細閱讀經過修正的地方（**張馳策略**）嗎？

第6章〈評論〉

在第6章〈評論〉，學習到邀請值得信賴人協助，以此改善文章的方法。借助別人的力量，能夠實現作者單獨憑藉個人力量無法做到的改善。

□有邀請別人協助檢查你的文章嗎？

□有評論者的人選嗎？

　近似讀者的人、專家、對文章敏銳的人等。

□有將**評論注意事項**交給評論者嗎？

□有特別傳達**評論觀點**嗎？

□有使用**評論專用網站**嗎？

□有確實閱讀回饋意見嗎？

□有分類、整理回饋意見嗎？

□有冷靜接受回饋意見嗎？

□有負起作者的責任、反映回饋意見嗎？

□有掌握所有回饋意見嗎？

□有保持與評論者的**信賴關係**嗎？

第 7 章〈推敲的訣竅〉

在第7章〈推敲的訣竅〉，學習到時間的管理、有效率的推敲、多樣化推敲三點訣竅。

□有遵守**交稿期限**嗎？

□有掌握交稿期限之前的**總時間**嗎？

□有掌握能夠使用的完整時間嗎？

□為了有效率的推敲，有製作**專有名詞集**嗎？

□有運用**檢索、取代、校閱功能**嗎？

□有掌握自己的文字癖嗎？

□有**備份檔案**嗎？

□有使用**版本**管理系統嗎？

□有採取多樣化讀法嗎？

唸出聲音、切換螢幕與紙張、改變閱讀場所、在疲勞的時候閱讀、隨機翻頁閱讀等。

第 8 章〈結束推敲的時機〉

在第 8 章〈結束推敲的時機〉中，我們學習到結束推敲的時間點。

□這是已確定**文章品質**的判斷嗎？

□結束推敲前，最後有再整篇文章通讀一遍嗎？

□有因認為以後還能修正而鬆懈下來嗎？

□有遲遲不肯結束修正嗎？

□有接近推敲結束的指標徵兆嗎？

覺得文章「不通順」的情況減少、修正又改回去的情況增加、添加內容卻偏離主題的情況增加等。

□有最後再檢查一次重要的項目嗎？

9.3 本章學到的事

這章中，以「推敲的檢查清單」的形式，整理並回顧

本書第 1 章到第 8 章所學習到的事。

無論是執筆還是推敲,「為讀者設想」這個原則都不會改變。

你所寫的文章,不久後便會離開你的手,交給讀者。想要表達的事物能否傳達給讀者,全看你所寫的文章而定,能夠修正為正確且容易閱讀的文章,僅有文章還在你手裡的時候。請活用本書,完成正確且容易閱讀的文章吧。

這些事全都是為了你的讀者所設想。

感謝大家的閱讀。

索引

一至六劃

一種 66

一覽表 32

工作日誌 150

不必要的文字 33

不能說～ 102

分別 64

分量的平衡 109

文字癖 148

文章的發展 26

比較 99

主詞 92

平行 76

平衡 108

正誤表 167

交稿期限 146

全等 76

列印 152

同胚 76

同構 76

回饋意見 125

在某種意義上 74

在疲倦的時候 154

字詞 64

字體 112

七至十劃

作者 55

作者的帽子 40

完成形象 44

局部作業 145

言外之意 94

兩 65

和 80

定性表達 78

定量表達 78

定義 61

延伸性 113

性質 61

所有 104

抱著相機的松鼠 84

版本管理 149

的 69, 88

長句 29, 84

非常 103

信賴關係 140

品質的平衡 116

指示詞 35, 79

為讀者設想 20

相同 75

相似 27, 75

相等 75

訂正 166

很 106

書寫文具 41

校正 22

校閱 22

真的 77

十一至十三劃

基本上 73

執筆 22

專有名詞 60

專有名詞集 147

張弛策略 120

強調 112

情況 96

推敲 22, 126

統一 28

逗號 85

連接句 114

造詞 63

備份 149

最糟的對話框 71

等 46, 68, 75

絕對 77

評論 124

評論注意事項 130

評論者 124

階段性策略 118

僅有 103

補充訊息 81

補充內容 49

十三劃以上

複文 85

像是 46

對應 90

網頁 160, 168

閱讀場所 153

整體作業 145

積木 26

錯讀耐受性 113

隨機翻頁 154

壓路機策略 116, 155

檢查清單 171

總是 76

隱瞞 168

雙重否定 100

讀者的帽子 40

觀點 52, 132

國家圖書館出版品預行編目（CIP）資料

數學文章寫作. 推敲篇 / 結城浩著；衛宮紘譯.
-- 初版. -- 新北市：世茂, 2019.12
面；　公分. --（數學館；34）
ISBN 978-986-5408-06-0（平裝）

1.數學　2.寫作法

310　　　　　　　　　　　　　108015887

數學館 34

數學文章寫作　推敲篇

作　　　者／結城浩
譯　　　者／衛宮紘
主　　　編／楊鈺儀
特約編輯／陳文君
封面設計／ LEE
出 版 者／世茂出版有限公司
地　　　址／（231）新北市新店區民生路 19 號 5 樓
電　　　話／（02）2218-3277
傳　　　真／（02）2218-3239（訂書專線）
　　　　　　（02）2218-7539
劃撥帳號／ 19911841
戶　　　名／世茂出版有限公司
世茂網站／ www.coolbooks.com.tw
排版製版／辰皓國際出版製作有限公司
印　　　刷／傳興彩色印刷有限公司
初版一刷／ 2019 年 12 月

定　　　價／ 320 元

Original Japanese title: SUGAKU BUNSHO SAKUHO SUIKO HEN
Copyright © Hiroshi Yuki 2014
Original Japanese edition published by Chiukumashobo Ltd.
Traditional Chinese translation rights arranged with Chiukumashobo Ltd.
through The English Agency (Japan) Ltd. and jia-xi books co., ltd.